G. DE SAINT-VICTOR

ESPAGNE

SOUVENIRS
ET
IMPRESSIONS
DE
VOYAGE

PARIS

E. DENTU, ÉDITEUR

LIBRAIRE DE LA SOCIÉTÉ DES GENS DE LETTRES

3, PLACE DE VALOIS, PALAIS-ROYAL

1880

ESPAGNE

DU MÊME AUTEUR

RIEN DE NOUVEAU. 1 vol. in-18; Dentu. *Épuisé.*

REVUES ALGÉRIENNES (de 1858 à 1860).   —

NIL.   1 vol. in-18 Dentu.   —

DANUBE.   — — — —

JOURDAIN.   — — — —

G. DE SAINT-VICTOR

ESPAGNE

SOUVENIRS

ET

IMPRESSIONS DE VOYAGE

PARIS

E. DENTU, ÉDITEUR

LIBRAIRE DE LA SOCIÉTÉ DES GENS DE LETTRES

3, PLACE DE VALOIS, PALAIS-ROYAL

1889

PRÉFACE

Je vous ai promis le récit détaillé de mon voyage en Espagne. Je tiens parole mais vous serez indulgent pour les pages que je vous enverrai au courant et au hasard de la plume. Elles vous suivront je l'espère, lorsque, à votre tour, vous viendrez visiter ce pays trop peu connu des touristes et où manque absolument le confortable et ces facilités auxquelles nous sommes habitués un peu partout. Je sais bien qu'on ne voyage plus comme nous le faisions jadis, au beau temps de notre jeunesse, alors que nous allions surtout pour voir et pour apprendre. Une cuisine passable et des hôtels médiocres étaient aussi rares que les voitures les plus mal suspendues ; quant aux chemins de fer, ils n'étaient pas connus. Ce sont eux qui ont désappris l'art de voyager, en nous faisant parcourir, sans peine et sans trop de fatigues, les plus grandes distances. L'habitude est prise aujourd'hui ; les moins difficiles d'entre les touristes sont encore très exigeants. Je voudrais simplifier leur tâche et leur être au moins utile en leur mâchant le voyage, si je puis m'exprimer ainsi.

Si j'écris : *Préface*, en tête de ces quelques lignes, c'est pour me conformer à l'usage antique, car j'ai cherché à tout insérer dans les chapitres qui vont suivre et à ne rien laisser à dire à l'auteur de la Préface. Les années ne m'ont pas enlevé le goût des voyages, vous le savez, et il fallait bien finir par visiter cette admirable Espagne qui renferme tant de merveilles dans tous les genres et sous les climats les plus variés. Monuments incomparables comme à Cordoue, à Grenade, à

Séville. Musées sans rivaux comme à Madrid, Séville encore et Valladolid. Cathédrales fantastiques de grandeur et de richesses comme à Léon, Tolède, Burgos et partout. Végétation inouïe comme dans les *Huertas* de Valence et de Murcie, ou dans la *Vega* de Malaga. Il fallait voir l'Espagne! J'en reviens ravi et... je vous transmets mes impressions.

G. V.

CHAPITRE PREMIER

Cerbère. — La voie des chemins de fer espagnols. — Les douaniers en gants blancs. — Les Hôtels. — La Principauté de Catalogne. — De Cerbère à Barcelone. — Figuéras. — Gérona. — Barcelone. — De Barcelone à Tarragone. — Le Llobrégat. — Martorell. — La marche des trains, en Espagne. — Les hôtels ou auberges. — La tour des Scipions. — Tarragone. — Tortosa. — Le général Cabrera. — Le royaume de Valence. — Le Grao. — Valence. — La *Huerta* et ses irrigations. — Le lac d'Albuféra. — Alcira. — Carcagente. — Jativa. — La Encina. — Route d'Alicante. — Alicante. — d'Alicante à Murcie. — Elche. — Orihuela. — La *Huerta* de Murcie et ses irrigations.

Je ne dirai rien de la route de Paris à Barcelone. Une voiture de première classe conduit sans changement, de Paris à Cerbère, c'est-à-dire à Port-Bou où tout le monde est transbordé dans les trains espagnols dont la voie, comme en Russie, n'est pas la même que la nôtre.

Elle est plus large. Quand la voie est plus large,

l'assise est meilleure et l'on pourrait aller plus vite : chose absurde et déplorable, on marche néanmoins plus lentement ici que partout ailleurs. En outre, les produits de l'Espagne à l'exportation, comme les marchandises qui y entrent, sont grevés par ce fait, de frais supplémentaires de manutention.

En venant de France par le chemin de fer qui passe à Narbonne, à Perpignan et à Port-Vendres, on franchit la frontière sous le tunnel des *Balistres*, entre Cerbère, dernière station française, et Port-Bou, première station espagnole. S'il fallait juger de la France et de l'Espagne par Cerbère et Port-Bou, on se ferait une idée bien triste de l'un et de l'autre pays ; et ce n'est pas le cas de dire ici, que la façade est en rapport avec le monument. Comme à Notre-Dame des Fleurs à Florence et à l'Annunziata de Gênes, les richesses et la beauté se trouvent au dedans.

A Port-Bou, la douane est accommodante et le buffet est bon. Les douaniers espagnols fouillent les bagages sans trop déranger les effets, sans les salir surtout, car les règlements exigent que les préposés, chargés de la visite, soient gantés. Le gant de fil ou de coton blanc est obligatoire et le voyageur est en droit de s'opposer à ce que la main nue d'un douanier touche à ses effets. C'est une mesure générale en Espagne que l'on peut attribuer aussi bien à un excès de délicatesse, qu'à la nécessité de garantir le linge et les effets des voyageurs contre la contagion des maladies cutanées assez fréquentes au delà des monts.

Entre Port-Bou et Barcelone on passe à Figuéras, l'ancienne *Ficaris*, située à l'extrémité d'une plaine marécageuse et dominée par des hauteurs que couronne l'immense citadelle de San-Fernando, prise, en 1794, par le général français Pérignon, rendue à la paix, enlevée en 1803 par le général Duchesne, et reprise en 1811 : bientôt après, le général Baraguay d'Hilliers battit les Espagnols sous ses murs et Figuères subit cinq mois de siège avant de capituler entre les mains de Mac Donald.

Girone, *Gerona*, chef-lieu de la province du même nom, est l'une des quatres provinces que forme la Principauté de Catalogne : Le *Gerunda* des anciens, est le siège d'un évêché. — Le cent quatre-vingt-quatrième évêque de Girone, Don Juan Miguel Taveruco y Rubi, lors de la rébellion des Catalans contre Philippe V, duc d'Anjou, en faveur de l'archiduc d'Autriche qu'ils avaient proclamé sous le nom de Charles V, aima mieux se priver de ses revenus que de manquer à son serment de fidélité à Philippe V et se retira en France. La Catalogne avait été prise, en 1285, par Philippe III le Hardi, qui commandait la campagne en personne ; c'est alors, au dire des historiens espagnols, que se produisit le miracle des mouches sortant du tombeau de saint Narcisse, onzième évêque et patron de la ville de Girone, qui firent beaucoup de mal à l'armée française. Prise en 1694 par le maréchal de Noailles, rendue aux Espagnols en 1697 par la paix de Ryswick, reprise en 1711 par le duc de Noailles pour Philippe V, telle fut la destinée de Girone. L'histoire religieuse a conservé le souvenir du Concile présidé, l'an 517, par Jean de Tarragone où fut établie l'obligation des doubles litanies ou Rogations. La ville est située sur le Ter et sur la rivière Oña qui la divise en deux quartiers. Son climat est froid et humide.

A trente kilomètres au-dessous de Girone, la voie bifurque à la station de *El Empalme*, l'Embranchement, pour rejoindre Barcelone, l'une par le littoral, l'autre par l'intérieur. La route du littoral est en grande partie établie sur la plage même, entre les maisons et la mer, bordée de cactus et d'aloès: celle de l'intérieur passe à Granollers où s'amorce la ligne de Ripoll à San Juan de las Abadesas, riche bassin houiller.

On arrive, par l'une ou l'autre de ces voies, en gare de Barcelone, où des omnibus vous attendent pour vous conduire aux différents hôtels.

A Barcelone, comme dans toute l'Espagne, la coutume des hôteliers est de vous prendre en pension.

En arrivant, vous faites votre prix qui comprend la chambre, le service, les bougies, parfois le chocolat du matin, le thé ou le café au lait, le déjeuner et le dîner. Vous pouvez manger ailleurs si vous le voulez, mais vous payez le prix entier de votre pension. Tout dépend, cependant, des arrangements que vous prenez.

Un mot, d'abord, sur la Catalogne :

La Principauté de Catalogne est située au Nord-Est de l'Espagne et confine, du Nord, aux départements français des Pyrénées-Orientales, de l'Ariège et même de la Haute-Garonne, ainsi qu'au territoire libre d'Andorre ; de l'Ouest, au royaume d'Aragon ; du Sud, au royaume d'Aragon et au royaume de Valence ; de l'Est, à la mer Méditerranée, sur une étendue d'environ cinquante lieues de côtes. Elle se divise aujourd'hui en quatre provinces d'Espagne : la province de Barcelone, chef-lieu Barcelone ; la province de Tarragone, chef-lieu Tarragone ; la province de Girone, chef-lieu Girone ; et la province de Lérida, chef-lieu Lérida.

Lérida l'Imprenable a vu Condé obligé d'en lever le siège, comme Henri de Lorraine avant lui. Mais le mot impossible n'est pas français ! Un Français devait tôt ou tard entrer en vainqueur dans Lérida. Philippe d'Orléans s'en empara, pour Philippe V, le 11 novembre 1707. N'oublions pas le Concile de Lérida qui a été tenu en 514, sous le règne de Théodoric, roi des Ostrogoths d'Italie et tuteur d'Amalaric, roi des Wisigoths d'Espagne.

Barcelone, Βαρκινων, *Barcimus, Barcino, Barcinona, Barcelona,* construite par Amilcar Barca, trois cents ans avant l'ère chrétienne, devint la *Colonia Faventia Julia Augusta Barcino* des Romains ; elle fut soumise aux Wisigoths, au ve siècle de notre ère ; au viiie siècle, aux Sarrassins, et, en 801, à Charlemagne, qui en donna le gouvernement à Bera avec le titre de comte de Barcelone. Wilfrid le Velu en fut le premier comte indépendant sous le règne de Charles le Gros et mourut en 912 : il eut pour successeurs Miron, Siniofred, Sunier Borrel qui chassa les Sarrassins en 985, Raymond, Raymond-Béranger qui établit les franchises de la Catalogne en 1068, Raymond-Béranger II, assassiné par son frère en 1082, Raymond-Béranger III, et Raymond-Béranger IV qui est regardé comme le fondateur de la seconde race des rois d'Aragon. En 1395, Barcelone se sépara de l'Aragon, se gouverna quelque temps en république et appela les princes de la maison d'Anjou par une ambassade envoyée auprès de René, roi de Naples. En 1470, le comté de Barcelone se soumit de nouveau à l'Aragon. Le roi de France Louis XI en hérita, en 1481, par testament du comte de Maine Charles, fils du roi de Naples René. Par le traité de Crépy, en 1544, le roi François Ier renonça à ses droits en faveur de Charles-Quint.

En 1640, les Catalans secouent le joug de l'Espagne et appellent les Français qui restent maîtres de Barcelone jusqu'en 1652, époque à laquelle Barcelone fut reprise par les Espagnols. Vendôme s'en empare en 1677 ; et le traité de Ryswick la rend à l'Espagne, en 1697.

Barcelone avait prêté serment à Philippe V, duc

d'Anjou, petit-fils de Louis XIV ; mais, en 1705, elle se donna à l'archiduc, proclamé roi d'Espagne sous le nom de Charles V. Elle fut assiégée par Philippe V qui s'empara de la citadelle, mais qui fut repoussé le 12 mai 1704 par les flottes étrangères.

Le traité d'Utrecht, 1713, rendit la Catalogne à Philippe V ; mais Barcelone résista. Elle souffrit un blocus d'un an, et un bombardement terrible. Le maréchal de Berwick l'enleva d'assaut, le 11 septembre 1714. La Catalogue perdit alors ses privilèges.

Trois Conciles ont été tenus à Barcelone : en 540, en 603 sous Récarède contre les Simoniaques, et en 1064.

Les Catalans, qui sont fiers de Barcelone, leur capitale, disent d'elle dans leur idiome :

Barcelona	Barcelone
Villa bona	Ville bonne
Si la bolsa sona	Si la bourse sonne
Sona o non sona	Qu'elle sonne ou non sonne
Barcelona	Barcelone
Siempre bona.	Toujours bonne.

En Catalogne la langue officielle est l'espagnol : mais, dans toutes les classes de la société, on parle presque toujours le catalan, qui n'a rien de gracieux, surtout dans l'intonation.

Barcelone est une belle ville, de 300.000 âmes,

qui est en train de doubler parce que la nouvelle ville, magnifiquement tracée, aura trois fois l'étendue de l'ancienne et qu'elle absorbera Gracia, Pueblo-Nuevo et les différents villages qui lui servent aujourd'hui de faubourgs.

Barcelone est la ville la plus commerçante et la plus industrielle d'Espagne ; son port est fort beau et sa Bourse, *Casa Lonja*, est superbe. Cette dernière est construite avec beaucoup de luxe et ornée de statues, de marbres, de peintures et de fontaines. Le salon des *Contrataciones*, des marchés, est de style gothique et très remarquable ; on y donnait jadis des bals masqués.

Si Barcelone est une ville de commerce elle est habitée aussi par la plus haute aristocratie de la Catalogne. On y voit de fort beaux palais, d'un luxe sérieux et du meilleur goût. Mon ami le marquis de S... et toute sa famille nous ont appris ce qu'était l'hospitalité catalane. Je n'en puis dire davantage sans sortir du sujet que je vous ai promis de traiter et dans lequel je veux uniquement me renfermer.

Cette grande ville qui fut la cour des premiers rois goths, est administrée par un *Alcalde consti-tacional* nommé par la Couronne, onze adjoints,

Tenientes de Alcalde et vingt-huit *Regidores*, élus par la population. La corporation municipale a droit au titre d'Excellence et chacun de ses membres en particulier, à celui de Seigneurie.

L'Hôtel de Ville, *Casa Consistorial*, d'ordre gothique, occupe l'un des côtés de la place de la *Constitucion* faisant face au Palais de la Députation, d'ordre corinthien.

Les GUIDES vous énuméreront tous les nombreux établissements de bienfaisance qui abondent ici. Quant à l'instruction, elle est fort répandue, parce qu'elle n'est pas obligatoire sans doute : je me bornerai à citer l'Université, magnifique établissement tout neuf, admirablement construit, avec des salles superbes, décorées de peintures fort bonnes. Il aurait peut-être gagné à voir son entrée un peu surélevée car elle est de plain-pied avec la rue.

Je ne vous parle pas des *Colonnes romaines* de la *Calle del Paradiso* qui sont le plus ancien monument de Barcelone, perdu aujourd'hui au milieu de constructions modernes, d'escaliers et de chambres humides. Le théâtre du *Liceo* passe pour le plus vaste du monde : je ne vous en donne pas les dimension exactes mais j'affirme qu'il est plus grand que San-Carlo à Naples et que s'il a deux ou trois mètres de moins long que la Scala de Milan, il est assurément plus large. Ajoutez à cela une fort belle décoration, et un éclairage qui ne laisse rien à désirer. Il y a plusieurs autres théâtres, mais on ne parle que de celui-ci. Un cercle existe dans le théâtre même, avec une entrée particulière pour les membres, comme à Palerme : c'est tout ce qu'il y a de plus confortable, si, en pareille matière on peut se servir de cette expression empruntée aux Anglais.

Le bijou de Barcelone, qui mériterait seul une visite dans cette belle ville, c'est la Cathédrale qui date des premiers siècles de l'Eglise. Elevée sur les ruines d'un temple païen, elle est de style gothique mélangé de roman, et flanquée de deux tours élancées qui encadrent sa façade sur la place à laquelle elle donne son nom. Un riche banquier vient d'offrir au Chapitre de construire à ses frais toute la façade qui manquait. L'intérieur est grandiose ; la nef principale est soutenue par des piliers d'une hardiesse surprenante ; les verrières sont de toute beauté. Le maître-autel est entourrée d'un *Coro* orné de boiseries délicieusement fouillées : au-dessous une chapelle souterraine renfermant le tombeau de sainte Eulalie, patronne de la ville et, à côté, une autre chapelle où l'on voit un christ toujours éclairé par un grand nombre de cierges. Ce christ est en bois peint et un peu penché sur un côté : on prétend qu'il se trouvait sur un navire espagnol, à la bataille de Lépante et qu'il s'inclina ainsi pour éviter un boulet de canon qui l'aurait frappé au cœur. A la voûte de cette dernière chapelle est suspendu le modèle de la galère sur la quelle Don Juan d'Autriche combattit les Turcs.

Le cloître est superbe : on ne se lasse pas d'admirer ses colonnes et les fines sculptures dont elles sont couvertes.

Santa Maria del Mar, San Pedro de las Puellas et *San Pablo del Campo* s'imposent aussi à l'attention, chacune d'elles présentant un caractère distinct et toutes trois renfermant des œuvres artistiques et des richesses vraiment dignes de remarque.

La vieille basilique de *San Justo y San Pastor*, la plus ancienne église de Barcelone, date de la première moitié du seizième siècle : elle fut reconstruite à cette époque lointaine, sur les ruines de celle dont l'apôtre saint Jacques le Majeur avait, dit-on, posé les fondements.

Il faut visiter encore une église, la *Concepcion*,

récemment transportée de l'ancienne ville dans la cité nouvelle ; toutes les pierres en avaient été numérotées.

L'église gothique et le couvent de la *Visitacion* sont également dignes d'attention.

A la *Sainte Famille*, on construit une immense basilique dont une partie de la crypte seulement est faite : c'est une œuvre vraiment apostolique, car on a commencé sans un sou et cela coûtera des millions.

Restent enfin les cimetières, et surtout, de l'autre côté de Monjuich, dont le fort peut contenir une garnison de neuf à dix mille hommes, la nouvelle Nécropole, sur la montagne, étagée dans des rocailles : c'est une disposition que l'on ne rencontre pas ailleurs. Ce sont les Capucins de Palerme en plein air.

En voilà assez, j'espère, pour vous donner l'envie de venir à Barcelone.

Avant de quitter cette ville, il faut donner aux voyageurs une indication utile. En Espagne, dans les gares de départ, têtes de lignes, on n'a pas le droit de marquer sa place en y déposant un objet quelconque : il faut l'occuper soi-même, ou la faire occuper par quelqu'un jusqu'au moment du départ : autrement tout autre voyageur a droit de la prendre. Ceci a pour but d'empêcher de marquer trop de places dans un compartiment, comme cela se fait un peu partout. En revanche, une fois le train en marche, la place est bien et dûment gardée par un objet quelconque, elle devient la propriété du voyageur et elle est respectée par les nouveaux arrivants comme par les personnes qui se trouvent dans le même compartiment. Je dois ajouter encore que nul n'est admis, par faveur, à aller sur les quais de la gare pour accompagner ou attendre un voyageur. Mais tout le monde peut le faire, sans distinction, en prenant au guichet un Billet de quai, *Billete de anden*, dont le coût est de vingt-cinq centimes, et dont le produit est versé, moitié dans la caisse de secours des employés de la compagnie et moitié aux œuvres de bienfaisance. Ce billet doit être rendu à la sortie, après le départ ou l'arrivée du train pour lequel il a été pris. Par ce moyen bien simple, on donne à tous les mêmes droits. Ce système devrait être appliqué en France, le pays où l'on parle le plus d'égalité et où l'on aime surtout à se distinguer des autres au moyen d'entrées de faveur, et de facilités qui ne sont pas à la portée de tous.

Nous partons pour Tarragone en contournant, à peu près dans son entier, la ville de Barcelone : nous laissons le fort de Monjuich à notre gauche et nous traversons lentement la magnifique plaine qu'arrose le Llobregat, ce torrent qui coule au pied du massif du Montserrat et qui fait marcher, à lui seul, un bon tiers des fabriques de la Catalogne, notamment entre Berga et Sellent, en amont du confluent du Cardoner, et entre Martorell et la mer. Des ruines de châteaux forts couronnent les sommets de montagnes arides et on arrive à Martorell. Un pont monumental conduit à cette petite ville de cinq mille habitants d'où l'on peut aller au Montserrat en visitant les grottes de Collbato : ce *Pont du Diable* est formé d'une grande arche ogivale et, comme le célèbre Pont de Céret dans le département des Pyrénées-Orientales, il est très étroit et de pentes fort raides : un arc de triomphe la coupe par le milieu et une porte crènelée en défend les abords : sa construction est attribuée à Annibal et l'arc de triomphe aurait, dit-on, été élevé par lui, à la mémoire d'Amilcar.

Sur cette vieille terre d'Espagne, il faut voyager l'histoire romaine à la main, y rêver des Scipions, puis y vivre avec les Maures qui ont laissé

ici leurs plus splendides chefs-d'œuvre, leur magnifique système d'irrigation, et la trace ineffaçable, dans le sang et dans les mœurs, d'une occupation de près de huit siècles. De même, les Rois
Catholiques, ces héros des deux mondes, ont profondément gravé, à leur tour, les grandes étapes
de leur glorieux passage, dans les annales de l'histoire et sur les monuments.

J'ai dit tout à l'heure que nous marchions lentement. C'est à peine exact car, vingt à vingt-cinq
kilomètres à l'heure, est-ce marcher Je sais bien
que les *Correos*, les express, vont jusqu'à 30 ! Vous
voyez d'ici où cela vous conduit; douze heures de
Lyon à Marseille en express, 362 kil. ; et plus de
vingt heures de Lyon à Paris en train de voyageurs, 512 kil. Ajoutez à cela qu'il est difficile de
ne pas voyager la nuit. Ah! il y a beaucoup à faire
encore pour attirer les touristes en Espagne, mais
il faut reconnaître qu'on ne tient pas beaucoup à
les voir arriver.

Partout, cependant, on trouve aujourd'hui des
hôtels au moins passables et les grandes villes en
comptent quelques-uns de bons. Le temps est
passé où *la Fonda* prétendait au rang d'hôtellerie
régulière parce qu'on y trouvait le gîte et la

nourriture. Quant à la *Posada*, elle vous abritait, mais il fallait tout y apporter, comme dans les caravansérails de l'Orient. *El Meson* était la posada des *arrieros*, muletiers, et elle était plus sale que les autres. Et quant à *la Venta*, c'était l'auberge des vieux romans espagnols, grande maison composée d'une écurie, d'une cuisine et de quelques chambres : comme elle était presque toujours isolée et sur des chemins détournés, on pouvait sans grands efforts d'imagination, au temps jadis, confondre ce dernier abri avec un coupe-gorge. Les chemins de fer ont mis ordre à tout cela et aujourd'hui, il n'y a pas plus de brigands en Espagne qu'en Sicile, ces messieurs s'étant tous retirés dans les grandes villes et quelques-uns d'entre eux occupant même des emplois lucratifs dans certains gouvernements révolutionnaires de notre connaissance.

Mais voici une tour en ruines : *la Torre de los Scipiones*. La tradition prétend que ce monument renferme les restes des Scipions !

Aussi bien nous arrivons à Tarragone, autrefois l'une des capitales de la domination romaine en Espagne, aujourd'hui chef-lieu de l'une des quatre provinces de l'ancienne Principauté de Catalogne et le siège d'un archevêché. Les murs, que l'on démolit trop, font encore presque le tour de la ville et trois vieilles portes datent de cette époque reculée. La place de la *Constitucion* occupe l'emplacement du vieux cirque romain ; et, du haut de la ville, on voit les restes fort bien conservés d'un magnifique aqueduc datant aussi du temps des Romains.

Il faut s'arrêter à Tarragone pour y admirer sa cathédrale, l'un des plus beaux monuments de l'art gothique en Espagne, dont la construction remonte à la fin du xie et au commencement du xiie siècle. Un immense portail, flanqué de deux piliers massifs, s'ouvre en recul dans la façade : il est entouré de statues en grand nombre et recouvert d'ornements de fer d'un travail exquis. L'intérieur de cette cathédrale est de style roman ; quoique un peu écrasé il ne manque pas de majesté, les marbres les plus riches lui donnant un aspect à la fois sévère et imposant : les croisées du transept sont magnifiques ; et les vieilles tapisseries, dont les parois et les piliers sont revêtus, n'ont rien d'égal dans les églises d'Espagne que nous avons visitées.

Le *Coro*, que nous retrouverons partout, est le chœur des chanoines : les stalles sont fort bien sculptées, mais ces *Sillerias* gâtent toutes les églises, qu'elles divisent, par le fait, en trois parties transversales et auxquelles elles enlèvent le coup d'œil imposant des cathédrales de France et d'Allemagne.

Le cloître, qui touche à l'église, est fort beau, en très bon état, vaste, avec une profusion de colonnes admirablement sculptées.

Le lendemain, nous traversons le *Campo de Tarragona* pour aller à Tortosa, ville forte, bien située sur l'Èbre, près de l'embouchure.

C'est là où la mère de Cabrera, Maria Griño, fut fusillée pendant la première guerre carliste, par ordre du brigadier commandant en chef le Bas-Aragon, Don Agustin Nogueras, avec l'approbation du capitaine général de l'Aragon, le général Serrano. Maria Griño fut mise à mort en représailles, disait-on, des exécutions ordonnées par Cabrera à l'époque où la guerre se faisait sans quartier : Cabrera s'attaquait à des hommes en armes, et les Isabellistes se vengeaient sur une femme ! Comparez.

Un peu avant Vinaroz, nous quittons la Catalogne et nous entrons dans le royaume de Valence. La seule ville un peu importante que nous traversons est Castellon de la Plana, avec sa belle cathédrale et son énorme tour de quarante-six mètres de haut, séparée de l'Eglise sur laquelle elle semble veiller. Puis vient Murviedro, bâti sur les ruines de l'antique Sagonte — relisez toujours votre histoire romaine — et le Grao, port de Valence, où l'on arrive avant de passer le Turia, autrement dit Guadalaviar, torrent rapide à l'époque des pluies et sur lequel on a construit trop de ponts. C'est facile, car le lit de la rivière est presque toujours à sec. Le Grao est comme un faubourg de Valence : un tramway y conduit facilement et agréablement.

Quand on a commencé jeune la vie des voyages, cette habitude devient comme une seconde nature et il faut toujours aller, voir, apprendre, revoir, visiter et courir encore; on ne peut guérir cette maladie, dangereuse seulement pour la bourse, que par ce que l'on appelle une infusion de kilomètres qu'il faut nécessairement absorber de temps à autre. Mais, à force d'avoir vu et d'avoir retenu, le niveau de l'enthousiasme baisse et l'on n'admire plus de commande ou sur les indications de son guide. En vieillissant, est-ce la vue qui baisse? je l'ignore; mais les montagnes semblent moins hautes et les précipices moins profonds. On ne trouve pas partout, il est vrai, des masses aussi imposantes que les Pyramides d'Egypte ; des rochers aussi à pic que ceux de la Styrie, ou du pays des Dolomites ; des colosses comme le Mont-Blanc ; des fleuves comme le Rhin et le Danube ; des vues comme celles de Constantinople, d'Alger ou de Naples. Puis, l'imagination un peu lassée ne rêve plus comme aux temps dorés de la jeunesse !... Tout cela pour dire que Valence n'est pas pour moi la ville que j'avais imaginée ! Elle est fort intéressante cependant et mérite que l'on s'y arrête.

Ses rues sont étroites et tortueuses ; mais, pendant l'été, on y est abrité des rayons ardents du soleil, et l'été y est long, car à Valence la neige est chose inconnue.

De beaux palais se rencontrent un peu partout et surtout dans la *Calle de los Caballeros*, avec leur énorme portail carré, presque aussi large que haut. L'entrée sert de remise aux voitures, un escalier monte aux étages supérieurs. De nouvelles et magnifiques constructions s'élèvent un peu dans tous les quartiers. Il faut citer le palais du marquis de Las Dos Aguas, avec une façade tout en marbre et une vierge magnifique placée sur la porte d'entrée principale ; détail singulier : quand le propriétaire est absent, un rideau s'abaisse et cache la statue.

Les places ne sont pas grandes, mais elles sont nombreuses. Il y a beaucoup à voir dans Valence, à commencer par la cathédrale qui date de 1262. Sa grande tour se nomme *El Miguelete*, du nom de la grande cloche baptisée sous le vocable de saint Michel. La tour octogone a quarante-cinq mètres d'élévation et mesure en circonférence l'équivalent de sa hauteur. Il faut gravir ses deux cent quatre marches pour jouir du magnifique panorama de la plaine de Valence. De grandes fenêtres superposées, sont percées dans la coupole : cette disposition est unique dans son genre, je crois. Il faut tout voir dans les chapelles et surtout le trésor, les vieux ornements et les très curieuses affiches.

Saint-Vincent-Ferrier, *San Vicente Ferrer*, est le patron de Valence ; la maison où il est né existe encore ; les comtes de Robres, dont le brillant baron de Sangarren est aujourd'hui l'aîné, s'honorent de compter parmi leurs illustres ancêtres le saint protecteur de la ville du Cid. Toutes les autres églises méritent d'être visitées ; quelques-unes sont du style baroque.

Les portes de la ville sont des monuments imposants qui attestent l'ancienne splendeur de la vieille cité. C'est par celle de *Los Serranos* qu'est entré le maréchal Suchet, qui fut fait duc d'Albuféra. Sur la rive gauche du Turia s'étend la belle promenade de l'*Alameda* où tout Valencien ayant voiture, coupé ou omnibus, ne manque pas de se montrer, de quatre à six heures, surtout le dimanche. Je dis : omnibus, parce que la moitié au moins des équipages de Valence sont ainsi faits, et à travers les larges vitres du véhicule on voit toutes les familles entassées sur des coussins plus moelleux que ceux des *tartanas* maudites.

Les couvents sont nombreux ; les établissements de bienfaisance répondent à tous les besoins ; on rencontre peu de pauvres.

J'oubliais la jolie promenade de *la Glorieta*, près de l'ancienne douane qui est devenue la fabrique de tabacs.

La végétation est superbe dans la *Huerta* de Valence. Le riz qui en provient est le meilleur du monde. Les fruits sont beaux mais un peu fades. Les melons et autres légumes de Valence, semés dans les environs de Saragosse, s'y améliorent, et deviennent exquis.

Le système d'irrigation est parfait. On a conservé une vieille coutume qui date des Maures. L'eau étant, avec le soleil, ce qu'il y a de plus précieux dans ce pays, il existe une Junte des Eaux composée de propriétaires de la plaine, nommés par les intéressés. Tous les dimanches, cette Junte se réunit sous le porche de la cathédrale : on vient plaider devant elle et faire valoir ses réclamations et elle juge immédiatement, sans appel et sans frais. On ne doit jamais entraver, ni même entourer d'un obstacle quelconque, le cours des canaux et on cite à ce sujet, le fait d'un riche banquier qui voulait se clore et avoir de l'eau chez lui. Il fit réunir les matériaux nécessaires ; puis, un soir, il convoqua tous les maçons de Valence. Dans la nuit son mur fut élevé. Le lendemain matin on vit le canal d'irrigation entouré d'un barrage en amont : on se plaignit à la Junte, mais le banquier rappella les termes de la loi qui voulait que l'on eût fait une observation pendant les travaux et que, si rien n'avait été dit, on ne pût les faire détruire. Or ils étaient terminés et on n'avait pas protesté ; il profita du subterfuge.

Le Musée provincial mérite également une visite. Puis on n'a plus qu'à reprendre le chemin de fer, ce qui offre certaines difficultés. Les omnibus des hôtels, je parle de ceux qui en ont, ne portent les bagages, ni à l'aller ni au retour. Il faut abandonner ses colis à des commissionnaires qui les déchargent à la gare. On ne dit pas, cependant, que cet étrange système amène trop d'inconvénients.

Il faut calculer beaucoup, pour ne pas voyager toujours la nuit. Il n'y a pas encore, dans ce pays peu fréquenté par les touristes, de trains combinés pour eux.

Nous quittons Valence à deux heures aprèsmidi, en traversant cette plaine magnifique qui produit, comme à Catarroga par exemple et dans les parties irriguées, jusqu'à soixante pour un. La station de Silla qui vient après, touche au lac d'Albuféra qui a une circonférence de près de quarante kilomètres et qui communique avec la mer par un large canal. Quelles chasses, quelles pêches on doit faire là ! Ce lac, ancien duché du maréchal Suchet, produit le revenu d'un capital de plus de dix millions de francs.

On traverse ensuite Alcira, le jardin de la campagne de Valence. Puis vient Carcagente d'où l'on va à Gandia et à Denia, en traversant une forêt

2.

de mûriers et d'orangers. Les palmiers sont partout de la plus belle venue et le système d'irrigation est complet.

Jativa est entourée de la même végétation ; la ville semble endormie au pied d'une colline autour de laquelle serpente une vieille muraille et que couronnent les ruines d'une antique forteresse. Nous sommes ici à quatre-vingt-dix mètres d'altitude et la voie gravit, sur un parcours de quarante-quatre kilomètres, une forte rampe qui atteint six cent quarante et un mètres à la station de la Encina ou l'on arrive à la nuit close, après avoir vu sur la route, les ruines, imposantes encore, de vieux châteaux, celui de Montesa en particulier, auprès de la station de Mogente. Le manoir de Montesa donna son nom à l'un des quatre grands ordres militaires d'Espagne.

A la Encina, il y a un buffet assez convenable, mais pas le moindre gîte. Or il faut attendre huit heures, le train express venant de Madrid à Alicante et qui passe à deux heures du matin, ou bien encore le *Correo* qui n'arrive qu'à sept heures. Douze heures sur une chaise, quand on veut voyager le jour, c'est long ! On nous assura qu'il y avait dans le voisinage une *Casa de huespedes* où nous serions très bien pour une *peseta*, c'est-à-dire pour un franc, et l'on nous y conduisit avec une lanterne. Nous nous arrêtons à la porte d'une petite maison dans laquelle deux ou trois personnes soupaient ; deux autres se chauffaient. Une femme se leva, alluma une lampe et, sans mot dire, nous précéda sur un petit escalier qui donnait accès au seul étage dont se composait la maison : elle poussa une porte, déposa la lumière et redescendit. La chambre avait dix mètres carrés, deux lits, une table ; pas de fenêtre, mais un volet ; une porte, mais pas de serrure. Et voilà !

Le lendemain matin nous reprenions le train, en bénissant le ciel de l'heureuse inspiration qui nous avait fait coucher à la Encina, car la route qui descend à Alicante est vraiment très pittoresque. Le sol, crevassé de profondes ravines et parfois hérissé d'énormes rochers, est cependant de la plus grande fertilité ; à droite et à gauche, tantôt près, tantôt loin, des villes, des villages penchés sur les sommets des collines qui sont presque des montagnes, ou couchés sur leurs flancs, comme à l'abri d'une forteresse.

Voici Caudete, à une lieue de la station qui porte son nom ; puis Villena, où se trouve l'embranchement, *el empalme*, d'Alcoy, et dont le grand Château, dominant le *Cerro de San-Cristobal*, attire l'attention par son importance et sa situation : un autre château, couronnant dans le lointain un véritable cône, semble défier encore, comme il le faisait autrefois, son rival de Villena. Partout des forteresses maures ou les ruines de quelque alcazar. La ville de Sax vient après : on la dirait bâtie sur le cou d'un éléphant, tant le rocher qui la domine rappelle la tête de ce pachyderme ; ensuite c'est Petrel, qui n'a de commun que le nom, avec l'oiseau des tempêtes. Nous passons à Elda, située au pied d'une montagne de roche à vive arête, dans une *huerta* ravissante et dont les fruits, d'une abondance extraordinaire, sont aussi renommés de nos jours que l'étaient du temps des Maures les simples d'où ils tiraient les sucs les plus bienfaisants. Voilà des monts couverts de sparte, cette plante d'un si grand usage en Espagne surtout ; et, dans la plaine, de belles vignes donnant d'excellents produits : nous sommes à Monovar ; vient ensuite Novelda dont les eaux thermales ne manquent pas d'efficacité ; nous courons sous des bois de palmiers et d'orangers, et nous arrivons à Alicante.

Alicante est peuplée de 35.000 habitants : son port est assez fréquenté bien que la rade soit par trop découverte, et l'exportation du sparte constitue aujourd'hui son principal commerce ; il est venu s'ajouter au chargement des vins et au débarquement des charbons anglais destinés à l'usage des chemins de fer de tout le réseau de l'est et du centre de l'Espagne, ainsi qu'à la consommation de Madrid. La ville s'étend au pied d'une montagne rocheuse qui ressemble quelque peu à celle qui abrite Cette : il n'y a pas, du reste, d'autre comparaison à établir entre l'aspect propre et riant d'Alicante et celui de Cette qui n'est ni l'un ni l'autre. La montagne est couronnée par une citadelle, *Santa Barbara*, où en septembre 1875, après la capitulation de la Seo d'Urgel, que la garnison carliste privée d'eau ne pouvait plus défendre, le gouvernement alphonsiste se donna la ridicule satisfaction et ne recula pas devant l'odieuse mesure d'enfermer et de retenir comme prisonnier de guerre le prince-évêque d'Urgel, Monseigneur Caixal. Une autre forteresse, *San Fernando*, couronne au loin le mont Tosal. Les rues sont bien percées : il y a de jolies promenades, des *alamedas* dont la plus belle sera certainement, quand ses palmiers auront grandi, celle qui longe le port, comme le boulevard de la Croisette, à Cannes. Deux églises, *San Nicolas* et

Santa Clara, méritent surtout d'être vues. La première est de style gréco-romain, avec un portail magnifique et un dôme remarquable : l'autre est de style gothique, admirablement située et dominant le port. C'est à *Santa Clara* qu'on garde, depuis plus de trois siècles, une précieuse relique, le linge avec lequel sainte Véronique essuya la face de Notre-Seigneur. Jaen en Espagne, et Chartres chez nous, possèdent, il est vrai, cette même relique ; le linge assurément était en plusieurs doubles ! Il y a à voir aussi le palais épiscopal et la *Casa Consistorial* avec ses quatre tours et son portail supporté par des colonnes torses : quant à la fabrique de tabacs, c'est l'une des plus importantes de l'Espagne et les cigarettes qu'elles produit sont justement renommées.

L'air d'Alicante est très pur et la température délicieuse, quoique un peu trop élevée en été : le thermomètre ne descend jamais au-dessous de + 5 degrés : la *Fonda de Bossio* est passable ; mais, malgré tous ces avantages, ce n'est pas ici que les malades viendront passer une saison d'hiver.

Grâce à la combinaison d'une nuit passée à la Venta de la Encina, nous pouvions ne rester que la journée à Alicante et aller encore coucher à Murcie ;

mais nous ne nous doutions guère qu'il y avait deux gares différentes, dans l'une desquelles — celle de Madrid — nous avions laissé tous nos bagages en dépôt, alors que nous devions partir par l'autre — celle de Murcie. — Je dis cela pour éviter à ceux qui me suivront, le désagrément de ma surprise.

Nous partons enfin et nous traversons, de jour encore, la station d'Elche. C'est la plus belle et la plus curieuse qui soit en Europe, assurément. Imaginez-vous une de ces splendides forêts des bords du Nil à travers laquelle on aurait fait passer la voie ferrée. C'est Elche! Elche, l'*Illice* des Romains, renferme 20.000 habitants ; elle est coupée en deux par une grande crevasse au fond de laquelle coule avec fracas le Vinalopo, quand les irrigations qu'il alimente lui ont laissé un peu d'eau : on franchit le ravin sur un pont magnifique. Son aspect est tout à fait mauresque : il ne manque que quelques minarets pour que la ressemblance soit complète avec l'une des villes des États barbaresques. La ville est entourée d'une épaisse forêt de palmiers qui s'étend jusqu'à la mer : l'exploitation de cette forêt constitue la richesse du pays ; c'est du reste ici où se fait, de la manière la plus parfaite que je connaisse, la fécondation artificielle de ces arbres, que les Maures pratiquaient déjà et que les Espagnols ont appris d'eux. Les palmes blanchies, après être restées quelque temps entourées de liens, sont expédiés dans toute l'Espagne et même en Italie, pour le Dimanche des Rameaux; les dattes vont en Angleterre où ce fruit est très estimé.

Partout, sur la route, on plante des palmiers mêlés à d'immenses champs d'orangers nouveaux et de grenadiers qui remplacent peu à peu les oliviers, moins productifs. Les amateurs de couleur orientale devraient passer un jour au moins à Elche.

Nous sommes à Orihuela ; il fait nuit : je n'en dirai rien puisque nous y reviendrons de Murcie, en traversant cette plaine magnifique, la mieux cultivée de toute l'Espagne et qui mérite seule le nom de *Huerta*, c'est-à-dire de jardin, qu'on lui donne avec tant de raison. C'est le Segura qui arrose ces soixante ou quatre-vingt mille hectares : il vient des *Sierras* de Segura, haute chaîne de montagne et n'a pas suffi seul à inonder dernièrement tout ce beau pays. Il a fallu une trombe marine, qui a transporté sur les montagnes des masses considérables d'eau, pour couvrir de deux à quatre mètres cette plaine immense de soixante kilomètres de longueur sur quinze de largeur au moins. Il n'y a pas de jardin, en France, je le répète, cultivé comme ce pays.

Les irrigations, créées par les Maures, ont été soigneusement conservées jusqu'à nos jours et c'est par carrés de deux ou trois mètres que les canaux viennent arroser le sol ; aussi on y fait jusqu'à quatre récoltes par an et on y a tout ce que l'on peut désirer.

La *Huerta* de Murcie est la chose la plus curieuse que l'on puisse voir au monde.

CHAPITRE II

Murcie ! Nous y retrouvons M. C., propriétaire d'une grande et importante filature de soie, qui nous a servi de guide pendant tout notre séjour et grâce auquel nous avons visité tout et bien. On ne peut plus agréable pendant les mois d'hiver, le climat de Murcie est torride en été, aussi les rues un peu larges sont-elles couvertes de toiles comme à Constantine et dans certaines villes d'Orient.

La cathédrale à elle seule, vaudrait le voyage de Murcie. Le couronnement de son portail admirablement ouvragé, est tellement élevé qu'il cache en entier le monument et l'on prête à un roi d'Espagne ce mot : « Où donc est l'église qui a une si belle porte ? » Elle est là cependant, avec sa *Portada de los Apostoles* et sa *Puerta de las Lagrimas*, ses nefs gothiques et son *Coro* merveilleux. On y voit un magnifique tombeau dans lequel sont déposés le cœur et les entrailles du roi de Castille Alphonse le Sage, et d'autres à la suite, qui contiennent les ossements de saint Fulgence et de sainte Florentine. La *Sacristia Mayor*, la *Capilla de san José*, la *Capilla de los Velez* et la *Capilla del Sagrario*, renferment des richesses de peinture et de sculpture qu'on ne se lasse pas de contempler. On voit encore dans cette église le tombeau de Don Pedro Faxardo avec l'épitaphe suivante :

Cristiano caballero, habil politico. ésimio escritor, nacido en Aljeçarez lo 6 Mayo 1584, muerto en Madrid lo 24 Agosto 1648.

La tour, qui a près de 150 mètres de hauteur et qui est formée de plusieurs tronçons de plus en plus étroits à mesure qu'ils s'élèvent, comme la *Lanterna* de Gênes, ou mieux encore comme les tubes d'une longue vue marine, fut érigée vers le milieu du XVIe siècle, par les soins du Cardinal Bondateo de Langa. On y monte sans la moindre fatigue, par des marches commodes : la vue que l'on découvre du sommet ne saurait être trop vantée. Si vous le voulez bien, c'est du haut de ce splendide belvédère que nous visiterons la ville.

Voici d'abord le Palais de l'Evêque de Murcie et de Carthagène, formant un des côtés de la place semi-triangulaire qui s'étend devant l'entrée principale de la cathédrale. C'est un bel édifice dont l'escalier surtout est une véritable œuvre d'art.

Du côté opposé, un théâtre moderne, assez vaste et bien décoré.

Regardez les clochers des nombreuses églises et couvents de la ville, *San Fulgencio*, *San Isidoro*, *San Leandro*, l'Hôpital de *San Juan de Dios*; l'église *del Carmen* au bout du Paseo de *la Florida Blanca*, la promenade d'été des Murciens qui vont chercher, pendant l'hiver, du soleil au *Malecon*, sur la digue qui, en 1879, a empêché Murcie d'être enlevée par le Segura qui dévasta toutes les campagnes. C'est dans cette église que le jour de la fête de l'Ascension, on dit la messe des Canaris. Tout ce qui possède, à Murcie, un oiseau de cette espèce, l'apporte, dans de jolies cages dorées; et ces maîtres chanteurs, excités par le bruit des orgues, font un sabbat dont rien n'approche. On en lâche quelques-uns dans l'église, puis ils reçoivent la bénédiction et toutes les cages repartent ensemble. Voici le fait, assez inconnu je crois : si jamais vous passez ici à votre tour, vous tâcherez de connaître l'origine de cette coutume.

Vous voyez ce couvent adossé à la montagne, au sud de la ville : c'est le célèbre sanctuaire de *Fuen Santa*, la Fontaine Sainte.

Malgré l'admirable système d'irrigation qui rend si productive cette plaine sans pareille, il arrive parfois des sécheresses terribles et on a grand besoin de la pluie. Le conseil municipal de Murcie se réunit alors, prend une délibération et envoie chercher la Sainte Vierge de *Fuen Santa* que l'on incarcère dans la cathédrale de Murcie jusqu'à ce que vienne la pluie tant désirée. Aux premières gouttes, tous les habitants de la plaine, cent mille âmes au moins, arrivent en ville : on reconduit processionnellement la statue dans son sanctuaire ; puis tout le monde danse devant l'église, comme David devant l'arche.

Puisque nous en sommes aux processions, un mot de celles de la Fête-Dieu, qui sont superbes. On y porte, entre autres objets de piété, des groupes énormes, en bois sculpté, représentant toutes les scènes de la Passion en sujets de grandeur naturelle. On peut les voir et les admirer dans une petite chapelle de Murcie, la *Eremita de Jésus*.

Autre pieuse coutume, mais qui n'est pas uniquement particulière à cette contrée. Quand on porte le bon Dieu à un malade, un homme précède en faisant entendre une petite cloche. A ce son, tout le monde s'arrête : on se met à genoux, puis on suit le cortège qui va toujours grandissant. On m'a cité les faits suivants: dans une filature on entend la cloche, tout travail cesse, l'atelier tout entier tombe à genoux, puis se relève et se remet à l'ouvrage. On passait une revue, la musique jouait pendant le défilé, le général commande : *Genou terre* ; la musique joue l'hymne royal; le saint Sacrement passe et la revue continue. Voici quelque chose de plus fort : au théâtre, le traître reçoit un coup de poignard ; il tombe mort !.. La cloche se fait entendre : tout le monde se lève, les acteurs, y compris le mort, se mettent à genoux ; puis le mort remeurt et la représentation continue.

Voici encore une scène religieuse des plus caractérisées, dans la nuit du samedi au dimanche, une corporation de pénitents parcourt la ville en chantant et en réclamant des prières pour les âmes du purgatoire et tout le monde de répondre à cette pieuse invitation.

A ce propos, vous ne connaissez pas, j'en suis sûr, l'origine ou l'étymologie du nom de *Serenos* que l'on donne en Espagne, à tous les veilleurs de nuit. De dix heures du soir à six heures du matin, ils se promènent et veillent sur le repos des habitants ; ils préviennent les intéressés et le service des pompes, en cas d'incendie ; ils vont chercher le médecin ou la sage-femme ; ils vous réveillent, si vous les en chargez, en venant frapper à votre porte et ils vous accompagnent au besoin, à la gare. Mais surtout, comme en Suisse par exemple, ils crient les heures et disent le temps qu'il fait. Ils commencent par une invocation à la sainte Vierge. *Ave Maria Purisima !* Puis ils disent l'heure qui vient de sonner et ils ajoutent presque invariablement : *Sereno*, puisqu'il fait toujours beau dans ce bienheureux pays : d'où le nom de *Sereno* qui leur est resté. Je dois ajouter, pour être dans la vérité absolue, que vous avons eu de la pluie ou des nuages pendant deux jours, à Murcie, et qu'au lieu de *Sereno*, j'ai entendu le mot : *Malo*, après l'indication de l'heure.

Ici, comme dans toute l'Espagne du reste, la coutume veut que les parents ne s'occupent qu'indirectement du mariage de leurs enfants : c'est à ces derniers qu'est laissé généralement le choix qui doit assurer leur bonheur. Il n'y a pas de salons, pas de réunions privées ; mais il y a la promenade où l'on se voit, le théâtre où l'on se lorgne et où on se visite, et les *miradores*, balcons vitrés, où l'on se parle à travers les grilles. Le jeune homme est dans la rue, la jeune fille à sa fenêtre où il manque toujours un carreau, et on tâche de s'assurer ainsi de ses sentiments réciproques. Quand on se croit suffisamment fixé de part et d'autre, le prétendant peut obtenir l'entrée de la maison ; mais, de même que toutes les conversations de la rue ne tirent à aucune conséquence, la chose devient grave lorsque l'on a été reçu dans la maison, et c'est alors une offense que de ne pas conclure. Il arrive parfois, cependant, que non seulement on n'est pas reçu, mais qu'un refus catégorique est prononcé par les parents. Alors la scène change ; et, avec la complicité obligatoire de la demoiselle, on l'enlève simplement un beau soir, et on la conduit... Où l'a conduit-on ? Allons, vous ne trouveriez pas. On la conduit chez l'alcalde, à l'honneur duquel on confie la Dulcinée. Trois jours après, on fait dire à la famille que la demoiselle va épouser l'hidalgo en question ; et... la famille donne son consentement. Ceci remplace les actes soi-disant respectueux, avec moins de papier timbré et plus de couleur locale.

Mais en voici assez sur Murcie, je crois : descendons de notre observatoire et prenons le chemin de fer qui nous conduira à Carthagène.

Le chemin de fer, en quittant Murcie, décrit à gauche une immense courbe, dont la ville reste le centre. Le nom de la première station rappelle les Maures d'Espagne : Beniajan est situé au milieu d'un immense jardin d'orangers ; et, puisque j'y pense, que je vous cite un proverbe à propos de ces fruits merveilleux : *Le matin, l'orange est d'or ; à midi elle est d'argent ; et le soir elle est de plomb.* Consultez votre estomac, pour vérifier la justesse du proverbe.

A la Casa-Blanca nous sommes à la limite de la *Huerta,* c'est-à-dire que les terres ne sont plus arrosées et que l'aspect du pays change subitement. Plus de culture, c'est un chaos de roches grises : la voie s'élève péniblement jusqu'à San Pedro où une échancrure permet le passage du faîte de ces sites désolés ; de l'autre côté, on entre dans une immense campagne qui s'étend jusqu'à la mer.

La station de Riquelme a cela de particulier qu'elle forme un cul-de-sac à deux cents mètres environ de la ligne sur laquelle il faut revenir machine en arrière, pour reprendre la voie de Carthagène. Il n'y a au milieu de ces champs déserts, qu'une maison, qui aurait pu être construite également à l'endroit où la ligne bifurque, mais cette station est placée sur les propriétés du marquis de Corbera, un enfant de Murcie qui fut ministre des travaux publics du gouvernement de la reine Isabelle dans ce long ministère qui dura... six ans, sous la présidence de Don Léopoldo O' Donnell.

Le marquis de Corbera fit refaire, ou pour mieux dire, fit faire toutes les routes de sa province, qui étaient dans un état par trop primitif; et on a voulu éterniser la mémoire de ce bienfait en favorisant ainsi ses intérêts, sans tenir aucun compte de ceux du public. Seulement, je le sais et vous aussi, tandis que tous les autres voyageurs pestent et n'y comprennent rien.

Après la station de Basilicas on aperçoit, sur la gauche un lac immense, sorte d'Albuféra, séparé de la mer par une langue de sable de cinq cents mètres de largeur environ. C'est la *Mar Menor*, de plus de quinze kilomètres de long sur près de huit de large, qu'entourent des villas, des jardins et des bois d'orangers. Elle fournit un excellent poisson, à chair très blanche, que l'on nomme l'*Emperador*. Au delà des stations de Pacheco et de La Palma, des nopals, des aloès, quelques champs de vignes et la station de Carthagène qui est située à gauche de la ville, au pied des remparts.

Fondée par les Carthaginois, qui avaient trouvé là, le plus beau port naturel de l'Espagne après celui de Vigo, la ville est défendue par un château dont l'enceinte est flanquée de solides bastions. C'est l'un des trois grands arsenaux maritimes de l'Espagne et ses installations sont à la hauteur de tous les progrès modernes dans l'art des constructions navales. Des quais magnifiques, des bassins à flot, des casernes, des hôpitaux, des ateliers divers, une école de mousses, rien ne manque : tout cela est bien aménagé, bien outillé ; est-ce aussi bien administré ?

Voyez le vieil Alcazar d'Alphonse Le Sage ; la Cathédrale où l'on remarque la chapelle des ducs de Veraguas ; l'Église de *Santa Maria de Gracia*, et la *Plaza de la Merced*. Songez que vous n'êtes qu'à huit heures d'Oran par bateau à vapeur et que c'est ici la véritable étape des communications rapides entre la France et l'Algérie. Les mines qui abondent dans toute la province, sont appelées à un grand avenir industriel. Pour le moment on n'exploite encore que les résidus des fouilles faites par les Carthaginois et les Romains, les scories que l'on trouve surtout dans les décombres, *las escombreras*.

Après avoir visité ensuite l'Arsenal et le Parc d'artillerie, il ne reste plus rien à voir dans cette ville qui ressemble à tous les petits ports de la Méditerranée ; rues tortueuses, pas très propres. Il faut remarquer cependant le carrefour des *Quatre-Saints* : quatre maisons avec quatre statues représentant les saints protecteurs de la ville.

Nous regagnons Murcie, d'où nous prenons le chemin de Madrid. Nous laissons à droite, au milieu de la plaine, la masse imposante du *Monte Agudo* ; nous traversons la *Huerta* splendide, en saluant, à droite, l'ancien couvent des Hyéronimites que l'on a donné aux Jésuites et où ils ont établi un noviciat. La voie s'élève rapidement, en suivant le cours du Segura. On traverse successivement Alcantarilla, Cotillas, Alguazas, Lorqui et on laisse, à cinq kilomètres sur la gauche, Archena, l'établissement de bains le plus important et le plus fréquenté de toute l'Espagne. Imaginez-vous, si vous le pouvez,

Vichy ou Aix avec une centaine de logements non meublés, dans lesquels vous vous installez en apportant vos meubles, votre batterie de cuisine, etc., tout ce que vous pouvez désirer. Ni *hôtels*, ni table d'hôte, ni café, ni lieu de réunion, rien. Aussi la saison n'y dure-t-elle que dix jours. Ce sont des bains de malades : les bien portants en sont bannis.

Nous arrivons à Cieza, toujours dans la vallée du Segura qui entoure cette ville, située à près de trois cents mètres d'altitude, en attendant d'arriver à Hellin qui a également dix mille habitants, à plus de cinq cents mètres de hauteur. Le passage le plus élevé de la ligne est à huit cent soixante mètres ; à Chinchilla, à peine un peu plus bas, on change de train pour prendre celui d'Alicante à Madrid.

Je ne vous parle ni d'Albacete, ni de la Roda où l'on fait flotter les bois de sapins des montagnes de Cuenca. Impossible de voir, près de Campo de Criptana, les vingt-cinq moulins qui couronnent la *Sierra de los Molinos*, et que l'on dit être ceux-là mêmes contre lesquels Don Quichotte s'escrima. Le Toboso est à trente-deux kilomètres au nord d'Alcazar de San Juan où, à une heure du matin, nous devons encore changer de train, quittant celui d'Alicante à Madrid pour prendre celui de Madrid à Séville. Ici nous ne sommes plus qu'à six cent quarante et quelques mètres d'altitude.

La première station, sur la route de Cordoue, est Argamasilla de Alba. On voit dans le lointain, ce village où Cervantès fit vivre et mourir le célèbre héros de son livre inimitable (1) : Don Quichotte de la Manche. C'est là du reste que Cervantès fut lui-même incarcéré par l'alcalde du lieu, pour s'être querellé avec quelques-uns de ses administrés ; et c'est là qu'il commença à écrire sa merveilleuse satire. Il y a quelques années, le directeur d'un des plus grands établissements typographiques de Madrid, M. Rivadeneyra, y transporta son matériel pour faire imprimer la vie du modèle des chevaliers errants dans le village même où Cervantès l'avait fait naître : l'idée était originale et l'édition d'Arga-

1. Le livre de Cervantès : *Don Quichotte*, a été édité, depuis 1605 jusqu'en 1889 :

En espagnol	542 fois,		En polonais	8 fois
anglais	208 —		roumain	7 —
français	195 —		danois	6 —
italien	96 —		hongrois	6 —
portugais	82 —		grec	4 —
allemand	70 —		tchèque	2 —
suédois	15 —		catalan	2 —
hollandais	10 —		basque	2 —
russie	10 —		latin	1 —
serbe	8 —			

Cervantès est mort à Madrid le 23 avril 1618.

masilla de Alba est certainement la meilleure que l'Espagne possède, du chef-d'œuvre de la littérature espagnole, connu du monde entier.

A Manzanarès, nouveau changement de train pour le Portugal : on aperçoit déjà les premières cimes de la *Sierra Morena* qui s'élèvent au-dessus de Ciudad Réal. Puis vient Valdepeñas, à sept cents mètres d'altitude, renommé pour ses vins : on prétend que les vignes ont été apportées de la Bourgogne comme celles de Wösslau, près de Vienne. Nous sommes ici sur les hauts plateaux de la Manche, et le point culminant de la ligne, à Almuradiel, ne dépasse pas sept cent quatre-vingt-dix-huit mètres, pour descendre ensuite rapidement jusqu'au Guadalquivir. Cordoue est à cent quatorze mètres. Nous traversons, de nuit malheureusement, le défilé de Despeñaperros avec ses tunnels et ses ponts en fer ; et Espeluy d'où un embranchement conduit à Jaen. La *Sierra Morena* se dresse à droite ; on dépasse la Venta de Alcoléa où la victoire du maréchal Serrano sur le maréchal marquis de Novaliches, le premier, insurgé contre le gouvernement de Doña Isaelle, et le second, le défendant, eut pour conséquence, la déchéance de cette souveraine intronisée par la Révolution à l'âge de trois ans et renversée trente-cinq ans plus tard par la même Révolution.

Nous voici à Cordoue. Mais, avant d'entrer dans la vieille cité arabe, un mot de cette fameuse *Sierra* puisque j'en ai prononcé le nom, et que nous n'aurons pas à la traverser comme on devait le faire jadis, pour aller de Cordoue à Séville. Ce mot, je l'emprunte au *Voyage en Espagne* du marquis de Custine, où je l'avais trouvé, il y a de longues années, à l'époque où je songeais déjà à visiter l'Espagne : voyage toujours ajourné parce que j'estimais que la Péninsule était trop près de nous, que j'aurais toujours le temps d'y aller et cent autres mauvaises raisons qui vous font retourner sans cesse là où on est toujours allé, où l'on se considère presque comme chez soi, c'est-à-dire en Suisse, en Allemagne, en Italie surtout où l'on trouve, comme ici, le soleil, un admirable climat et, en plus grand nombre encore, des figures de connaissance et des amis, partout où l'on s'arrête.

Mais laissons parler l'auteur du *Voyage en Espagne*. D'abord, en quittant Cordoue : « Le pays « que l'on traverse fait partie de ce que l'on appelle « la Campine. Nulle terre n'a été tant arrosée du « sang des Maures et des Chrétiens. C'est là qu'ont « eu lieu les combats les plus acharnés entre les

« deux religions. La nature semble se souvenir
« encore de cette lutte : elle est âpre et sauvage ;
« des plaines desséchées, où la terre blanche res-
« semble à du sel, ne sont coupées que par des
« côtes arides. »

Voilà pour la campagne, entrons maintenant
dans la *Sierra Morena*, avec l'illustre voyageur :
« Par son nom seul elle occupe la pensée de tout
« étranger dès son entrée en Espagne. Cervantès
« et les poëtes arabes l'ont rendue célèbre... Les
« Espagnols l'appellent la *Sierra* par excellence...
« Sa position entre la Manche, l'Estramadure, la
« Nouvelle-Castille et l'Andalousie dont elle est
« pour ainsi dire le rempart, les descriptions des
« écrivains, les guerriers célèbres et jusqu'aux
« héros imaginaires des romanciers, tout prête à
« la *Sierra Morena* un intérêt que nul voyageur
« ne peut s'empêcher de partager.. Son nom
« vient de la quantité de plantes et d'arbustes tou-
« jours verts dont les rochers de cette chaîne
« sont revêtus. Elle fut défrichée et colonisée par
« le fameux Don Pablo Elavides, si connu en
« France, depuis ses malheurs, sous le nom de
« comte de Pilos. »

Puisque nous parlons de la *Sierra Morena* avant d'arriver à Cordoue, n'oublions pas les Ermites qui l'habitent. Il y a une fort belle excursion à faire, de cette ville jusqu'au couvent de ce nom qui domine toute la plaine et le cours du Guadalquivir. Comme à la grande Chartreuse, la permission, délivrée par l'évêque pour visiter le couvent, n'est pas valable pour les dames. Indépendamment du grand monastère, on voit une multitude de petits *caserios* blancs où habitent également des solitaires. Ceux-ci ne dorment jamais plus de deux heures de suite et, comme ils passent une grande partie de la nuit à veiller et à prier, ils se reposent aussi pendant le jour. Ils mènent une vie contemplative qui est exactement réglée sur celle des solitaires de la Thébaïde... Ils ont pris pour modèles les anciens ermites; ils font pénitence mais ne prononcent pas de vœux. Ils ne vivent que de fruits et de légumes cuits à l'eau.

Pour jouir d'un beau panorama, il faut monter jusqu'à la pierre en forme de siège, que l'on appelle la *Silla del Obispo*, le fauteuil de l'évêque.

Mais il est plus que temps d'entrer à Cordoue, après un long voyage de dix-neuf heures et deux changements de train pendant la nuit.

Assise sur la rive droite du Guadalquivir et peuplée aujourd'hui de 50.000 habitants tout au plus, cette ville, déchue de ses grandeurs passées, n'en est pas moins un charmant séjour, aussi bien à cause de la douceur de son climat pendant l'hiver, le printemps et l'automne, qu'en raison de ses délicieux environs. Cordoue fut la patrie de Lucain, des deux Sénèque dont on montre encore la maison, que l'on doit regarder avec les yeux de la foi : d'Averroès, d'Avicenne et de beaucoup de savants arabes. Cicéron parle de plusieurs poètes natifs de *Corduba*, entre autres Sextilius Henna. Plus tard, ce fut à Cordoue que se fonda cette fameuse société de médecins qui firent faire un si grand pas aux sciences, en Europe. Ces savants, que l'on appelait philosophes ou astrologues, ont composé le recueil connu sous le nom de *OEuvres d'Anicone*, parce qu'il lui fut dédié.

Ici j'ouvre une parenthèse puisque je viens de parler d'astrologues. Il faut remarquer le singulier éclat des étoiles dans un ciel sans Lune. Chez nous, elles étincellent comme des diamants : en Espagne elles brillent comme des saphirs; leur éclat est absolument bleu : l'œil devine l'espace entre les étoiles et la voûte céleste.

Sous la domination des Maures, Cordoue était la ville sainte, la Médine des Arabes occidentaux, consacrée à la vénération des musulmans par le grand nom et par les cendres des quatre Abdhérame. Des flots de pèlerins remplissaient sa mosquée, monument unique dans le monde : il en venait de toutes les contrées de l'Afrique situées en deçà de l'Atlas, car ce pèlerinage était aussi méritoire que celui de la Mecque. Cela dura jusqu'en 1236, année de la prise de la ville par les Chrétiens.

Les vieilles murailles, qui datent du temps des grands khalifes, sont encore debout : elles présentent un aspect imposant avec leurs lourdes portes et leurs grosses tours. Quand on arrivait à Cordoue en malle-poste ou en diligence, on passait sur le Vieux Pont, *El Puente Viejo*, défendu du côté de la campagne par le bastion de *La Carrahola*, et du côté de la ville par la porte dorique, la *Puerta del Puente Viejo*; et, aussitôt après avoir franchi cette porte, on se trouvait au milieu d'un groupe de monuments qui se disputaient l'attention, ou pour mieux dire l'admiration du voyageur. C'étaient, d'abord une antique forteresse surchargée d'ornements, *El Triunfo*, portant sur son faîte une colonne qui sert de piédestal à la statue de saint

Raphaël, patron de Cordoue ; puis, la vieille église de *San Pelago* ; le palais épiscopal ; les deux Alcazars et leurs jardins, *délices des rois maures*, comme a dit un poète, à moins que cette emphatique expression ne s'applique, ce qui me paraît plus probable, à ceux de l'Alcazar de Séville ; enfin, la mosquée des Maures, devenue la cathédrale des Chrétiens.

On vient aujourd'hui, de la gare du chemin de fer située *extra muros*, par le *Paseo de la Victoria* et la *Puerta de Gallegos*, ce qui oblige le voyageur à se faire cahoter, dans un omnibus jaune serin, sur un pavé détestable, à travers des rues étroites et tortueuses, pour gagner la *Fonda Suiza* très convenablement installée au centre de la ville.

Gardons-nous de commencer notre tournée par la mosquée. Croyez-moi, une fois qu'on l'a vue on y revient toujours : on n'en peut plus sortir.

Nous irons donc visiter d'abord quelques églises, notamment *Santa Marina*, le plus ancien monument gothique de Cordoue ; *Los Martires*, où les cendres du célèbre historiographe de Philippe II, le chanoine Ambroise Morales, auteur de pieux écrits et de savantes chroniques, reposaient avant d'être transportées dans *La Colegiata de San Hipo-*

lito, qui renferme aussi les tombeaux du roi Ferdinand IV et de son fils, le roi Alphonse XI, le héros d'Algeciras et de Tarifa ; *San Pedro El Real* où l'on admire l'une des meilleures œuvres du ciseau d'Alonzo Cano ; un *Ecce Homo*, saisissant d'expression. Nous verrons le palais épiscopal, avec ses ornementations très riches, quoique parfois de mauvais goût, sa remarquable Bibliothèque, sa salle d'audience renfermant les portraits de tous les prélats qui se sont succédé sur le siège de Cordoue, et ses jardins complantés de gigantesques citronniers. Et nous verrons aussi la *Puerta de la Mal Muerta* à la tour octogone ; le *Paseo de la Victoria* et le *Paseo del Gran Capitan* aux allées d'orangers et de palmiers ; la *Calle de la Feria* où sont installés les plus beaux magasins ; les vieux palais de Don Juan Conde, du marquis de Villaseca et du comte de Aguilar, ainsi que les restes de quelques-uns des trente-cinq couvents que la piété des chrétiens avait fondés dans l'intérieur de la ville, pour la purifier de l'occupation sept fois centenaire des fanatiques musulmans.

J'ai oublié de parler du casino de Murcie qui est fort beau ; mais celui de Cordoue passe pour un des plus vastes et des mieux aménagés de toute l'Espagne. Dans ces pays où la vie est tout extérieure, où l'on ne reçoit pas, il faut cependant se voir et se réunir. Tout le monde se retrouve au Casino, après la promenade, et c'est là où ont lieu tous les bals, toutes les réunions. Les abonnés peuvent y manger ; il y a un café, des salles de lecture et de billard. L'air circule partout : il n'y a ni portes ni fenêtres ; et pendant l'été, on y passe presque toute la nuit. Les femmes y sont admises : c'est le grand salon de la ville. Ici, il y a deux vastes *Patios*, et deux étages, surmontés d'un belvédère d'où la vue s'étend sur les environs.

Voilà tout Cordoue ou à peu près. Tout Cordoue, moins ce qu'il faut venir voir à Cordoue : *la Mezquita*, comme on la nomme, la merveille des merveilles, la Mosquée, transformée en cathédrale. La religion catholique a sauvé ce monument splendide en le baptisant et a fait ici pour l'islamisme ce qu'elle avait fait à Rome, pour le panthéisme. Avant de devenir église, la Mosquée était déjà l'héritière de deux temples, celui de Janus sous les Romains et une cathédrale chrétienne sous les rois goths.

Le grand Abdérame avait voulu faire de cette Mosquée le plus magnifique temple de l'islamisme, après celui de la Mecque, et il y a réussi. Avant de pénétrer dans l'intérieur, voyons l'espace que recouvre le monument. J'ai compté, dans l'intérieur, cent trente-quatre mètres d'un côté sur cent quatorze mètres de l'autre, ce qui représente un hectare cinquante ares trente-quatre centiares. M. Germond de Lavigne lui donne cent soixante-sept mètres en longueur sur cent dix-neuf en largeur, soit un hectare quatre-vingt-dix-huit ares soixante-treize centiares. Le marquis de Custine, plus généreux, lui attribue six cent vingt pieds de long sur quatre cent cinquante de large, soit trois hectares quatre-vingts centiares, mais je suppose qu'il compte dans cet espace, le cloître, si on peut appeler ainsi le vaste espace qui est à côté de la Mosquée, complanté d'orangers et également entouré de la même muraille crénelée. Les murs, qui ont dix mètres de haut, sont soutenus par une quarantaine de piliers. Dans les espaces qui s'étendent d'un pilier à l'autre, sont percées dix-neuf portes ayant, à droite et à gauche, des fenêtres à doubles arceaux.

Quand on entre dans cette merveille d'architecture, par la cour des Orangers, on reste véritablement frappé d'admiration et je me suis cru transporté dans la mosquée des Mille Colonnes, au Caire, c'est-à-dire dans une forêt sculptée. Figurez-vous dix-neuf allées en longueur, mesurant les unes huit mètres et les autres sept mètres de largeur, et trente-trois allées transversales, plus étroites, formées par des colonnes d'une pièce, au nombre de près de onze cents ; mille quatre-vingt-seize pour en donner le chiffre exact ; puis, au dessus, deux rangées d'arcs superposés qui soutiennent la voûte à environ quatorze mètres de hauteur, et vous me direz si l'œil ne doit pas se perdre dans ce magnifique fouillis de marbre, de jaspe, de porphyre et d'arabesques, auquel la demi-obscurité résultant de l'enchevêtrement des piliers, qui ne dépassent guère trois mètres de hauteur, et deux étages d'arcades entrecroisées, ajoute un charme indescriptible et de mystérieuses profondeurs. Les colonnes sont loin d'être pareilles de forme et d'ornementation : elles furent apportées ici, de bien loin, par les soins d'Abdhérame, à la recherche de tout ce qui pouvait rehausser la beauté de la merveilleuse mosquée : il en était venu de la Tarragonaise en Espagne, de la Narbonaise en France, de l'Italie, de la Grèce, et même de Constantinople car l'empereur latin, Léon V l'Arménien, en envoya, dit-on, cent quarante au grand khalife musulman. Et si elles sont uniformes de hauteur, en apparence, c'est parce qu'on enfonça davantage au dessous du sol celles qui étaient trop longues et qu'on posa celles qui étaient trop courtes, sur un socle de granit de même diamètre.

La porte principale, *La Puerta del Perdon*, s'ouvre sur la cour des Orangers, *El Patio de los Naranjos*, en face de la sixième allée du côté occidental. Elle décrit un arc ogival mauresque, de quatre mètres d'ouverture et de huit de hauteur orné d'arabesques finement ciselées et d'écussons armoriés. Elle fait face à une chapelle que l'on aperçoit à l'autre extrémité de la travée et qui occupe l'emplacement du vestibule du *Mihrab*, au milieu duquel se trouve un tombeau sans inscription, qui renferme les restes du comte de Europa, de la famille actuelle des ducs de Frias. Ce guerrier accompagnait le roi saint Ferdinand, qui s'empara de Cordoue le 29 juin 1236. La porte du *Mihrab* est en mosaïque d'or, de lapis-lazuli et d'agathe, de la plus exquise finesse et l'intérieur de l'*adoratorio* en est entièrement revêtu. Un bloc de marbre soutenu par seize colonnes de porphyre, forme la voûte du *Mihrab*. Un exemplaire du Coran, admirable manuscrit sur parchemin, était posé à terre sur le parvis de marbre : les fidèles en faisaient sept fois le tour. A côté, on voit une autre porte, murée aujourd'hui, dont l'ogive est également recouverte de mosaïques. On assure que c'est par là qu'entrait le khalife lorsqu'il venait de l'Alcazar, à travers des souterrains qui correspondaient avec la Mosquée. En face du *Mihrab* actuel, on admire une autre chapelle délicieusement ciselée, une dentelle de marbre. C'est là qu'était l'ancien *Mihrab*, avant qu'Abdhérame II eût fait construire le nouveau, en même temps que la seconde partie de la Mosquée qui fut faite en trois époques différentes mais toujours sur le même plan. Quand on a vu un pareil monument on comprend que la vie d'un homme n'y put suffire.

Les historiens assurent que des milliers de lampes, les uns disent sept mille quatre cent vingt-cinq ; d'autres, dix mille huit cent cinq, brûlaient vingt-quatre mille livres d'huile par an, dans la Mosquée. Parmi ces lampes se trouvaient les cloches de Saint-Jacques de Compostelle, conquises par les Maures : renversées, et suspendues à la voûte avec des chaînes d'argent, elles illuminaient le temple d'*Allah* et de son prophète ; mais elles ont été rendues à leur culte et ont regagné depuis longtemps le célèbre sanctuaire de la Galice.

Il manque beaucoup de colonnes dans les rangées dont j'ai essayé de vous donner une idée. On en a employé un grand nombre, pour transformer la Mosquée en église ; d'autres ont été remplacées par les forts arceaux ou supports du *Coro* actuel, car lorsque le roi saint Ferdinand eut placé la *Mezquita* conquise, sous le vocable de l'Assomption de la Vierge, il crut devoir en modifier les dispositions intérieures pour les mieux approprier au culte catholique.

La porte de *Las Palmas*, des Palmes, date de cette restauration ; on éleva des cloisons sur les dernières rangées des colonnes et on éleva cinquante-deux chapelles dont plusieurs servent de tombeaux aux principales familles de la ville. En 1523 enfin, le Chapitre voulut faire plus et mieux : il fit édifier le *Coro* que Théophile Gautier, dans son langage imagé et vrai, a appelé « une verrue architecturale ». Rien de beau comme ce chef-d'œuvre du style gothique flamboyant, rien de déplacé comme sa présence au milieu du chef-d'œuvre mauresque qu'il a fallu détériorer pour l'y caser. Charles-Quint, dont j'aurai à signaler avec regret, un acte aussi réprehensible à l'Alhambra de Grenade, reprocha, dit-on, au chapitre de Cordoue cette malheureuse innovation dans les termes suivants : « Vous avez « construit ici ce que vous ou tous autres auraient « pu édifier partout ailleurs ; mais vous avez dé- « gradé une chose unique au monde. »

Les stalles du chœur, la fameuse *Silleria* que l'on retrouve en Espagne, partout où il y a un Chapitre, sont en acajou massif, adorablement sculptées ; la grande lampe, les tombeaux, les statues, les grilles, tout est magnifique et n'a que le tort de se trouver là.

Il faut enfin quitter la Mosquée, où je suis revenu six fois pendant mon séjour : ma pâle description n'en aura même pas donné un aperçu ; je ne crois pas que cela soit possible. En sortant, on ne peut s'empêcher toutefois de regarder la tour gréco-romaine, de plus de quatre-vingt-dix mètres d'élévation, qui porte à son sommet une statue de saint Raphaël, l'étendard à la main : elle est bâtie sur l'un des côtés de la place dont j'ai parlé, et qui la sépare de la Mosquée.

Je n'en dis pas davantage, car en sortant de la merveille par excellence on ne saurait plus rien voir ni rien admirer.

CHAPITRE III

De Cordoue à Grenade. — Montilla et Gonzalve de Cordoue.
— La Roda. — Bobadilla. — La *Vega de Grenade*. —
Santa-Fé. — Grenade. — L'Albaycin. — Nuestra Señora
de la Antigua. — Cathédrale et Capilla Real. — L'Albam-
bra. — Le Généralife. — Route de Malaga. — Les Gorges
du Guadalhorce. — Malaga.

Nous quittons Cordoue pour nous rendre à
Grenade qui, avec Séville, forme la grande trilo-
gie des Maures d'Espagne. C'est là qu'ils ont écrit
l'histoire avec des pierres et que l'on retrouve leur
plus splendides travaux. Nous passons à Montilla
où naquit le célèbre Gonzalve de Cordoue. Le
nom de son père était de Aguilar, et l'éclat que sa
valeur répandit sur Cordoue, lui en fit donner le
nom.

De la ville, où les ducs de Médinaceli possèdent
un palais, qu'ils n'habitent guère, je suppose, on
découvre une immense étendue de pays. C'est à
Montilla que l'on récolte un vin blanc sec, très esti-

mé. La voie s'élève insensiblement pour traverser une première chaîne de montagnes à une hauteur de quatre cent cinquante mètres, après avoir passé La Roda qui est l'embranchement de Malaga et de Grenade, pour rejoindre la ligne de Cordoue à Séville. On redescend ensuite à Bobadilla, trois cents mètres, qui est l'embranchement de Grenade sur la route de Cordoue à Malaga; on laisse, à droite, Antequera, ville de trente mille habitants située à l'extrémité de la magnifique *Vega* qui porte son nom et on remonte la vallée du Guadalhorce jusqu'à une roche immense nommée la *Peña de los Enamorados*. A six kilomètres à droite, on voit Archidona, très ancienne ville bien adossée à la montagne; puis, après une série de tranchées, en remontant toujours au milieu de nouvelles et très importantes plantations d'oliviers, on arrive à un nouveau partage des eaux, à une altitude de sept cent soixante-deux mètres.

Loja, le *Lubin* des Romains, est admirablement situé dans une vallée resserrée que parcourt le Génil. Le Manzanil vient s'y jeter en formant une cascade magnifique.

Au milieu de la *Vega* on aperçoit la célèbre cité de Santa-Fé, où fut signée la capitulation de Grenade et d'où partit Christophe Colomb pour aller s'embarquer à Palos de Moguer, à la découverte d'un monde nouveau.

Santa-Fé fut bâtie par Ferdinand IV le Catholique, en mémoire de la conquête de Grenade qui n'était pas terminée encore lorsque le village chrétien s'élevait ; il n'était qu'un poste avancé des assiégeants et s'appelait alors *Los Ojos huercata*, les Yeux de la Justice : Ferdinand y passa ses troupes en revue et y établit son camp, il y éleva plusieurs fortifications et consacra une partie du terrain à la construction de ce bourg coupé en croix par ses rues au cordeau et auquel quatre grandes portes donnent accès.

Pour en défendre l'approche, le Roi catholique fit élever, en charpente, un simulacre de rempart couvert de toiles peintes, recommandant aux ouvriers de leur donner une teinte noirâtre, emblème de la vétusté. Cette fortification factice faisait illusion ; on l'eût prise de loin pour une muraille véritable, hérissée de créneaux et flanquée de tours. Les Grenadins voyaient avec consternation cette forteresse élevée en si peu de temps et si près de leurs murs. Le monarque l'érigea aussitôt en cité et lui donna le nom de Santa-Fé. Les privilèges dont cette ville a joui longtemps dataient de cette glorieuse époque. L'entrée solennelle de Ferdinand IV et d'Isabelle la Catholique dans Grenade eut lieu le 12 janvier 1492. L'empire des Maures avait duré sept cent quatre-vingt-deux ans !

Mais entrons, nous aussi, à Grenade.

Grenade est délicieusement posée sur trois collines, et renferme environ quatre-vingt mille habitants.

Le Génil coule au pied de ces collines et charrie de l'argent : il prend sa source dans la *Sierra de la Alpujarra* et va se jeter dans le Guadalquivir. Le torrent du Darro ou *Rio de Oro* roule de l'or et descend entre la colline de l'Alhambra qui porte une ville jadis entourée de murailles, et l'Albaycin, la ville des Maures et des Gitanos, qui couvre une seconde colline ; le Darro se jette dans le Génil, au-dessous de Grenade. Les Tours Vermeilles, *Torres Bermejas*, dont le nom indique la brillante couleur et qui furent construites par les Romains, peut-être même par les Phéniciens, sont perchées comme des sentinelles, sur la troisième colline ; la nouvelle Grenade a glissé dans la plaine et s'y est étendue.

Le quartier qui touche aux Tours Vermeilles et qui vient rejoindre la ville basse, s'appelle l'*Antequeruela*, du nom d'une colonie d'Antequera qui était venue s'y fixer.

Grenade, qui reconnaît pour sa fondatrice une vierge, fille du roi Hispan, fut originairement bâtie dans la plaine, au pied du mont Elvira ou *Illiberis* et en porta le nom. Quelques années après, ses habitants construisirent la ville sur l'emplacement qu'elle occupe aujourd'hui et s'y transportèrent, en changeant son nom d'*Illiberis*, d'origine Euskarienne, en celui de *Granata* dont l'étymologie remonterait à une jeune nymphe que l'on trouva dans une caverne, sur les bords du Darro. D'autres auteurs prétendent que cette ville emprunta son nom à la grenade, à cause du grand nombre de ses maisons serrées l'une contre l'autre, dont l'ensemble ressemblait aux grains de ce fruit, dans leur coque entr'ouverte. Garibay, l'auteur des *Recherches historiques sur les Maures*, prétend, lui, que Grenade fut fondée par une colonie de Juifs qui abandonnèrent Jérusalem, ou qui furent exilés en Espagne sous le règne d'Adrien dans le IIe siècle. Ils donnèrent à cette ville le nom de *Garnad*, qui veut dire, en hébreu, *pèlerin, errant, vagabond*, pour exprimer la situation d'une colonie sans asile, sans propriétés, et c'est de *Garnad* qu'on aurait fait, par altération, *Granada*. Le mot de *Garnad* est composé de deux mots hébreux : *gher* qui veut dire un homme établi, fixé, et *nath*, errant, qui n'a pas de domicile. Il semble que, par *Garnad*, on a voulu exprimer l'asile des gens qui n'en avaient pas.

Assez d'étymologies !

Nous allons loger sur la colline de l'Alhambra et aux pieds des murailles de cette merveille, c'est-à-dire que nous sommes loin de la ville moderne et plus loin encore de la gare, mais c'est l'Alhambra que l'on vient voir ici, que l'on vient revoir et encore voir.

Les deux hôtels qui se regardent à travers le *Paseo* du *Généralife*, sont à cent mètres plus haut que la ville qui est elle-même à six cent soixante dix mètres d'altitude. Aussi trouve-t-on ici, en dehors des *brazeros* qui sont sous toutes les tables, des cheminées que l'on allume avec plaisir pendant l'hiver. Un vrai bois d'ormeaux entremêlé de cerisiers nous sépare de la ville : il fut planté, en 1814, par les soins du duc de Wellington et remplaça les vergers et les plants d'oliviers et d'orangers que ses soldats avaient, dit-on, un peu trop maltraités. Ce bois constitue une magnifique promenade, mais il en existe plusieurs autres à Grenade, à commencer par l'*Alameda de Invierno*, le cours d'hiver, qui s'étend pendant un kilomètre et demi sur les bords du Génil. A l'extrémité, c'est le *Paseo de Verano* ou *Salon*, la place *del Triunfo* et *la Birambla*.

J'en passe et beaucoup car, en somme, à moins de rester pendant une saison entière à Grenade, on se borne à voir la Cathédrale et surtout l'Alhambra.

Comme je l'ai fait pour Cordoue, nous commencerons par visiter quelques églises, quelques couvents, et des édifices affectés à des œuvres hospitalières.

San Juan de Los Reyes fut la première mosquée des Maures à Grenade et on y voit, dans un superbe *Retablo*, les portraits des rois catholiques Ferdinand et Isabelle. *Santa Catalina* montre avec un légitime orgueil une des plus belles toiles du grand peintre espagnol Alonso Cano. *San Pedro* et *San Pablo* sont surprenantes d'ornementation : *Las Angustias* et *San Miguel* renferment des trésors de sculpture et de précieuses reliques. *Santa Ana* possède une magnifique statue de saint Pantaléon et s'impose à l'attention par sa tour élancée. *San Nicolas* et *San Cristobal* contiennent de splendides richesses et, du haut de leurs clochers, on découvre l'un des plus vastes et des plus beaux panoramas du monde.

L'ancien couvent de *San Jeronimo*, dont on a fait malencontreusement une caserne, fut fondé par les Rois Catholiques : on y garda longtemps les cendres de Gonzalve de Cordoue, le Grand Capitaine qui, depuis, ont été transportées à Madrid ; les statues du guerrier et de sa noble compagne, les représentant agenouillés auprès du maître-autel, sont admirables de pose et d'exécution ; on remarque aussi l'inscription latine gravée sur le sarcophage, vide aujourd'hui de la glorieuse dépouille qu'il renfermait jadis.

La chartreuse, *Cartuja*, où ne résident plus les silencieux cénobites, n'en conserve pas moins des chefs-d'œuvre de peinture et de sculpture, des marbres, des agathes, des incrustations de la plus grande beauté : Alonso Cano, Murillo, Palomino, Mora et le moine Cotan ont laissé là des traces inestimables de leur génie et de leur foi. Dans cette ville où tout est grand, les hôpitaux sont des monuments comme on en voit à Milan et à Gênes, affectés à la même destination charitable, fondés avec la même générosité. L'asile des fous, *El Hos-*

pital de los Locos, et l'hôpital de *San Juan de Dios* sont des modèles de construction et d'agencement dans l'ordre des édifices consacrés au soulagement de l'humanité souffrante.

Le *Zacatin*, la *Plaza Nueva* et la *Plaza del Campillo* sont le centre du luxe et du mouvement : on y voit les plus beaux magasins et les plus belles toilettes. Quant à l'*Alcaiceria*, c'est un simple bazar turc qui n'a rien d'intéressant pour quiconque connaît l'Orient ou seulement l'Algérie.

Entrons dans la Cathédrale, ce temple magnifique, rempli des souvenirs d'Isabelle la Catholique et du roi Ferdinand, que l'on désigne d'ordinaire sous le nom de Rois Catholiques.

C'est un édifice de style gréco-romain, percé sur sa façade de trois portes ornées de statues et de bas-reliefs. Des piliers, composés de quatre colonnes corinthiennes, partagent l'intérieur en cinq nefs et soutiennent la voûte peinte en blanc et or : le *Cimborium*, d'une hauteur colossale, est un des plus beaux spécimens que l'on connaisse de ce genre d'ornementation et le dallage en marbre noir et blanc est du meilleur effet.

Partout des œuvres d'art destinées à rappeler les Rois Catholiques ou à garder leurs cendres;

partout des tableaux et des sculptures d'Alonso Cano, enfant de Grenade, qui fut architecte, peintre, sculpteur et chanoine de la Cathédrale et qui a laissé ici le véritable musée de ses meilleures productions : ses restes reposent dans l'enceinte du chœur. Les chapelles de *Jésus Nazareno*, de la *Trinidad*, de la *Virgen del Carmen*, de *San Miguel* et la *Sala Capitular*, la salle du Chapitre, sont couvertes de tableaux et de sculptures de ce grand artiste, dont nous avons déjà remarqué, à Cordoue, l'inimitable *Ecce Homo* : ici nous admirons plus particulièrement sa Vierge de *la Soledad*. Nous voyons dans la chapelle de *la Antigua*, ainsi nommée d'une ancienne image gothique qui fut trouvée dans une grotte et que le roi Ferdinand V portait comme étendard, les portraits de Ferdinand et d'Isabelle ; et dans la chapelle de *Santiago*, la statue équestre du patron de l'Espagne et une peinture florentine très effacée, que l'on désigne sous le nom de *Nuestra Senora del Pueblo* et que l'on dit être la copie d'une œuvre sortie des pinceaux de saint Luc. Ce tableau fut donné à la reine Isabelle la Catholique par le pape Innocent VIII : chaque année, le 12 janvier, jour anniversaire de la conquête de Grenade, on le descend pour le mettre à la portée des fidèles qui viennent poser respectueusement leurs lèvres sur les bords du cadre.

La *Capilla Real* est le panthéon des Rois Catholiques, *Los Reyes*, ces deux grandes figures historiques : Isabelle qui éleva dans sa gloire son mari Ferdinand, et qui fut au moyen âge la Marie-Thérèse de l'Espagne. Cette chapelle est séparée du reste de l'église par une grille, *Reja*, de fer doré, chef-d'œuvre d'un ouvrier de Grenade, travaillée à double, les personnages et les ornements étant reproduits des deux côtés. A l'entrée, les statues d'Isabelle et de Ferdinand agenouillés, d'une ressemblance frappante, assurent les vieilles chroniques ; sur les parois, une série de bas-reliefs coloriés, représentant d'un côté la reddition de l'Alhambra, et de l'autre la conversion des infidèles, avec une multitude de figures historiques, les Rois Catholiques, le cardinal Mendoza. Boabdil à pied présentant les clefs de ce palais, des chevaliers, des dames, des Maures et des captifs qui reçoivent le baptême et des moines les baptisant. Et, au centre de la chapelle, deux sarcophages de marbre, ornés de statues de saints et gardés pas des sphinx et des lions : sur l'un, les statues couchées de Ferdinand et d'Isabelle avec le manteau, la couronne, le sceptre, l'épée, les insignes de la royauté : sur l'autre les statues également couchées de Jeanne la Folle et de son mari Philippe le Beau. Un passage étroit, une descente obscure, conduit à la crypte où sont déposés les cercueils de bois grossier, bardés de fer, contenant les dépouilles de Ferdinand et d'Isabelle, de Jeanne et de Philippe ainsi que d'un prince, fils de ces derniers et mort en bas âge.

On peut voir dans la sacristie, l'étendard royal devant lequel tomba la puissance musulmane en Espagne, et qui fut arboré sur les murs de Grenade le 12 janvier de l'an de grâce 1492; l'épée de Ferdinand V, une croix de vermeil, et le livre d'heures d'Isabelle la Catholique enrichi d'enluminures de la plus grande délicatesse et de toute beauté. Un sombre couloir met la *Capilla Real* en communication avec le *Sagrario* qui n'est autre que l'ancienne mosquée, malheureusement en partie reconstruite en style baroque : pendant le siège de Grenade, un héros chrétien, Herne do del Pulgar, plus connu sous le nom de *Pulgar de Las Hazañas*, c'est-à-dire des exploits, cloua de son poignard, sur la porte de cette mosquée, un parchemin avec l'*Ave Maria*, dont il ne reste plus que le fac-similé : le défi que Pulgar

avait eu le courage audacieux de planter au cœur
même de la place ennemie, ne fut pas relevé par
les Maures éperdus ; et lorsque les Chrétiens
entrèrent en vainqueurs dans les murs de Grenade,
l'*Ave Maria* du vaillant chevalier espagnol était
encore à sa place, sur la porte de la mosquée.

Mais c'est l'Alhambra que l'on vient surtout voir
à Grenade. Il faudrait un volume pour décrire
cette merveille ; je ne puis lui consacrer que quelque pages !

L'Alhambra signifie «rouge» on l'a ainsi nommé,
soit à cause de la terre rouge sur laquelle il est construit et que l'on retrouve dans toutes les murailles,
soit parce que son fondateur portait le nom d'Alha-
mar, c'est-à-dire *Al Hamar*, le Rouge, en arabe.

En venant de la ville par la *Cuesta de los Gomares*, habitée jadis par une tribu célèbre qui portait
ce nom, on pénètre dans l'enceinte de l'Alhambra
par la porte de *Los Granados*, dite aussi de Charles-
Quint, une arche aux formes écrasées, construite sur
l'emplacement de la *Bab El Anjar* des Maures. Nous
sommes ici dans le bois d'ormeaux dont j'ai parlé.
Trois chemins se présentent à nous : celui de
droite mène à l'église de *Los Martires* située sur la
colline qui domine le lit du Genil ; celui de gau-

che conduit à la Fontaine de Charles-Quint et à la *Puerta de la Justicia,* c'est-à-dire à l'entrée principale de l'Alhambra ; et celui du milieu aboutit à la tour de *Los Siete suelos* et à la *Alameda* ou *Paseo* du Généralife qui précède la *Cuesta de los Molinos,* rampe escarpée qu'il faut descendre pour arriver sur la berge du Darro.

De notre hôtel, appuyé contre l'ancienne porte de *Los Siete Suelos* par où sortit Boabdil, le dernier roi de Grenade, nous allons en plaine jusqu'à l'entrée de l'Alhambra, la *Puerta de la Justicia,* située à la base d'une tour massive qui défendait l'un des côtés du palais incomparable des monarques musulmans. Cette porte fut édifiée, en 1348, par Yusuf-Abdul-Hagiar : elle est en forme de fer à cheval, comme toutes les arches qu'a élevées l'architecture arabe et elle est ornée d'une figure emblématique sur l'origine de laquelle les savants ne tombent pas d'accord : c'est une main ouverte, levée vers le ciel, que les uns prétendent être le symbole de l'hospitalité et que d'autres veulent traduire comme la marque de la justice et du pouvoir. Le fait de la trouver sculptée sur la *Bab-al-Charriah,* des Maures, la porte de la Justice, nous fait incliner du côté de la seconde interprétation.

Sur un deuxième arc, à l'intérieur de la porte, on voit une clef également sculptée dans la pierre. Un romancier habile dans l'art de bien dire, a trouvé que ces hiéroglyphes, faciles à déchiffrer, donnaient au monument un aspect rébarbatif et cabalistique. La clef est un symbole en grande vénération chez les Arabes, parce que un verset du Coran commence par ces mots : « *Il a ouvert, mais la main n'est pas là pour conjurer le mauvais œil, elle représente la Justice.* » On sait du reste que la coutume générale des peuples d'Orient est de rendre la justice à la porte des villes ou du palais et que le mot « porte » chez eux, est toujours appliqué à ce qui concerne le siège du gouvernement ou le prétoire de la justice. Ne dit-on pas aujourd'hui encore : « la Porte » ? Il y avait jadis un proverbe souvent répété par les Maures de Grenade : « *Quand la main prendra la clef, les Chrétiens prendront la ville.* » Les Rois Catholiques se sont emparés de la cité sainte et la main est restée immobile sur son arc de pierre, ce qui n'empêche pas, dit-on, tous les Maures de l'ancienne Barbarie. reste des populations chassées d'Espagne, d'ajouter chaque vendredi aux versets du Coran, une prière pour demander à Dieu de rentrer dans Grenade. « *Il pense à Grenade !* » signifie chez eux, qu'un homme est affligé d'une mélancolie profonde.

Une troisième porte, complètement défigurée par d'incompréhensibles réparations, donne accès à un chemin de ronde qui conduit à la place des citernes, *Plaza de los Algibes*, dont la partie de droite est occupé par le charmant portique la *Puerta del Niño*, qui conserve toute la fraîcheur de son enfantile dénomination. Tout à côté habite M. Contreras, l'habile architecte et le merveilleux restaurateur de la merveille que l'on nomme l'Alhambra. Il a découvert le ciment stuc qu'employaient les Arabes et il a fait des travaux que l'on ne saurait trop admirer, pour sauver d'une ruine certaine cet admirable monument.

Un côté de la place *de los Algibes* est dominé par le massif des tours *del Vino*, *del Homenage*, de la *Armeria* et de *la Vela*. Sur la plate-forme de *la Vela*, au-dessus de laquelle s'élevait une tourelle crénelée qui fut renversée en 1884 par la foudre et remplacée par une construction moderne, on voit la grosse cloche dont les vibrations règlent encore le service des eaux d'irrigation dans la *Vega* de Grenade, et qui sonne les heures de nuit, toutes les cinq minutes, sur un ton particulièrement plaintif. Le jour anniversaire de la prise de Grenade elle ne cesse de se faire entendre pendant vingt-quatre heures, et les sonneurs ne manquent pas, parce qu'une légende dit que la première jeune fille qui la met en branle ce jour-là, se mariera dans l'année. La vue dont on jouit du haut de cette tour est vraiment féerique. Ce fut *Al-Hamar* qui en posa les fondements et c'est ici que furent inaugurés les travaux de construction de l'Alhambra en remplacement d'un palais ruiné qui s'élevait jadis sur la montagne, au-dessus du Généralife.

De la citadelle de *l'Alcazaba*, édifiée à la même époque, il ne reste plus que trois tours en ruine, dont les assises reposent sur les débris d'un temple romain. Les jardins des *Adarves*, ainsi nommés, d'après les bastions, *adarves*, sur lesquels ils sont dessinés, sont ravissants de verdure et de fleurs, malgré l'aspect un peu trop funèbre que leur donnent les grands cyprès qui se dressent comme des cierges noirs au long de ses allées. On regrette de voir l'ancienne mosquée transformée en église paroissiale pour l'usage d'une population très restreinte qui tout en habitant l'enceinte de l'Alhambra, aurait pu être parfaitement desservie par l'une des paroisses voisines.

Et puisque nous avons commencé par les tours, visitons les toutes avant de pénétrer dans le palais proprement dit. De la tour de *los Siete Suelos* et, laissant à gauche la *Torre de Las Cabezas*, la Tour des Têtes, où l'on exposait celles des chrétiens tués dans les combats, on va à la tour de *El Agua*, près de l'aqueduc qui amène les eaux dans l'enceinte de l'Alhambra. Dominant le ravin qui sépare la colline sur laquelle s'élève le Généralife, du plateau qui porte l'Alhambra, se trouvent successivement la tour de *Las Infantas* qui était, dit-on, l'habitation des filles des rois maures : la tour de *la Sultana* où logeait, sans doute, la favorite : la tour de *la Cautiva*, la Captive, qui rappelle peut-être quelque drame oublié; et la tour de *Los Picos*, ainsi nommée en raison des pointes, *picos*, que forment ses créneaux et dont le temps a respecté les angles aiguisés.

On dépasse la *Puerta de Hierro*, la Porte de Fer, qui ouvre sur le *Paseo del Generalife* ; le palais du Prince, *Principe* ; et les jardins de *Lindaraja* ; et on arrive à la tour de *Los Gomares* d'où l'on peut aller à la tour *del Homenage*, de l'Hommage, et à la tour de *la Vela*, de la Lumière ou de la Vigie, pour regagner la place de *Los Algibes*, à moins qu'on ne revienne directement sur cette place, contiguë au palais de Charles-Quint, par le *Patio de la Mezquita* et l'entrée *del Morisco*.

Si vous m'en croyez, c'est ainsi que vous visiterez l'Alhambra, et vous n'irez pas d'abord au Palais proprement dit, où les guides ne manquent pas de vous conduire. On en sort grisé de merveilleuses splendeurs, ébloui, fasciné et c'est à peine si on regarde ces admirables tours d'où nous sortons.

Revenons maintenant dans la cour de *Los Algibes*, où nous avons le regret de trouver un Palais que Charles-Quint avait fait commencer et qui serait magnifique partout ailleurs, mais pour la construction duquel il a renversé tout le palais d'hiver de l'Alhambra ; et on le regrette bien plus encore lorsque l'on voit la façade qui reste de cet édifice. Ce palais est un carré parfait, dont chaque côté à soixante-treize mètres trente-trois centimètres, et au milieu duquel, par une idée bizarre, on a inscrit un cercle, de sorte que les appartements n'auraient pu se trouver que dans les quatre angles. Cet horrible palais n'a été élevé que jus qu'au premier étage : malheureusement, en le renversant aujourd'hui, on ne rétablirait pas les splendeurs qu'il a fait disparaître.

Pour entrer dans le vieux palais maure on longe cette vilaine masse. La merveilleuse résidence des rois de Grenade fut commencée, en l'année 1248, par Ibn-El-Ahmar, et ses successeurs s'appliquèrent à la continuer jusqu'à complet achèvement, si quelque chose en ce monde peut se dire achevé. On y pénètre par une porte sombre qui a été ajoutée depuis l'occupation des chrétiens et qui donne accès au grand *Patio de la Alberca*, de la Piscine, ou de *Los Arrayanes*, des Myrtes, entouré d'arcades mauresques reposant sur des colonnes élancées; une pièce d'eau, de vastes dimensions, occupe le centre de ce *Patio* qu'ombragent des myrtes et des orangers touffus. On traverse, au delà, la salle de *La Barca*, du Bateau, et on se trouve dans le splendide salon de *Los Embajadores*, des Ambassadeurs, que surmonte la célèbre tour de *Los Gomares*. L'antichambre de cette salle est digne de sa destination : la hardiesse de ses arcades, l'enlacement de ses arabesques, les mosaïques de ses murailles, le travail de sa voûte de stuc et jusqu'à l'éclat de ses couleurs anciennes, azur, vert et rouge, forment un ensemble d'une grande originalité. Le salon des Ambassadeurs, est un vaste carré de plus quarante mètres de côté sur douze d'élévation; son plafond en bois de cèdre, est recouvert d'arabesques aux éclatantes couleurs, entremêlées de versets du Coran et d'orgueilleuses sentences dont les rois maures aimaient à faire ostentation : il reçoit le jour par trois grandes fenêtres enchâssées dans des embrasures qui ont les dimensions d'une chambre ordinaire, dans un hôtel de Paris ; ces fenêtres donnent sur *l'Albaycin*, par dessus le ravin que traverse le Darro : c'est un coup d'œil ravissant.

Avant de continuer la description des merveilles de cette merveille de l'art, j'observerai que la photographie a été heureusement inventée pour reproduire ce fouillis inextricable de beautés qui défient tous les peintres et tous les miniaturistes du monde ; je passerais le meilleur de mon temps de voyage à tenter de les décrire que je n'y réussirais certainement pas ; mais avec quelques photographies, et surtout des modèles pris dans l'atelier de M. Contréras, vous jugerez vous-mêmes de l'impossibilité où je suis d'exprimer, avec la plume, ce que l'on doit admirer dans ce splendide monument.

Nous rentrons dans la cour des *Arrayanes*, en regrettant une fois de plus ce palais d'hiver, renversé par Charles-Quint, et dont on voit encore toute la façade qui forme un des carrés de la cour où nous sommes; puis nous entrons dans le palais d'été qui était le harem.

On arrive à la cour des Lions, *El Patio de los Leones*, en traversant une antichambre contiguë à une chambre à coucher mauresque parfaitement conservée. Ce *Patio* étincelant, d'environ cinquante mètres de long sur vingt de large, est entouré d'arcades soutenues par cent vingt-huit colonnes de marbre blanc, tantôt simples et tantôt capricieusement accouplées par groupes inégaux.

Ces arcades sont de véritables filigranes de pierre, dont la finesse pourrait rivaliser avec celle des ouvrages d'or et d'argent qui se vendent chez les joailliers de la *Piazza Banchi*, à Gênes, ou des *Procuratie*, à Venise. Deux portiques, reposant sur des colonnes non moins élégantes que celles du pourtour, s'avancent en relief dans le *Patio* dont le sol, pavé de marbre et d'*azulejos*, est percé de robinets perdus dans les dessins du dallage qui se transforment en jets d'eau d'une ténuité extrême. Au milieu du *Patio*, une fontaine monumentale, formée d'une immense vasque d'albâtre portée par douze lions. Du temps de Charles-Quint, on a ajouté de petites colonnes sur le dos des Lions, pour élever la vasque qui reposait jadis sur leur dos. Je doute que ce changement ait rien ajouté à l'élégance du monument. La grande vasque, désignée sous le nom de la *Mar*, la Mer, est surmontée d'une autre vasque plus petite, la *Taza*, la Tasse, d'où jaillit un jet d'eau, tandis que les Lions, de leur côté, en déversent par la gueule de grandes quantités : on se demande comment on a pu creuser dans leur corps le conduit qui amène l'eau de leur croupe à leur gueule.

Il n'y a pas en Espagne une œuvre des Maures comparable à la Cour des Lions. « L'Alhambra ni « l'Orient tout entier, dit M. de Custine, n'ont « rien produit de plus beau, de plus délicat, de « plus léger, de plus gracieux, de plus parfait dans « son genre. C'est fini comme une gravure « anglaise. »

Trois salles magnifiques encadrent, si je puis m'exprimer ainsi, le *Patio de Los Leones* : la *Sala* de la *Justicia* au fond, celle des *Abencérages* d'un côté et celle de *Las Dos Hermanas* de l'autre.

La salle de la *Justicia* tire son nom, probablement, d'une des peintures de sa voûte, représentant un groupe de *cadis* dans l'exercice de leurs fonctions de magistrats ; les autres peintures représentent la cour des Lions, elle-même; des personnages qui semblent assister à une passe d'armes; des rois maures de Grenade, rassemblés ; une dame présidant au combat de deux chevaliers. Quand on sait que les Arabes ne représentaient jamais des êtres humains dans leurs tableaux, on est porté à croire que ces fresques sont l'œuvre de prisonniers chrétiens, détenus à Grenade.

Ce n'est pas dans le bassin de la cour des Lions que furent égorgés par les Zégries, les trente-six Abencérages, mais bien dans la salle même qui porte leur nom. Il est douteux cependant que la couleur rouge qui paraît dans le bassin de cette salle soit, comme on le dit, celle de leur sang. Vous verrez, au Généralife, un cyprès gigantesque, dont le tronc est creusé, et on vous racontera la légende de la sultane qui accordait ses faveurs au chef des Abencérages : dénoncée par un commandant de la garde, elle se cacha dans le creux de cet arbre, et comme le roi maure ne put connaître le vrai coupable, il fit périr toute la tribu. Voilà la légende du massacre des Abencérages : je vous la donne pour ce qu'elle vaut. Les murs de cette salle sont également revêtus de stucs merveilleusement ciselés.

En face, la salle de *Las Dos Hermanas*, ainsi nommée d'après deux grandes dalles de marbre Maçael, placées des deux côtés du bassin et que l'on dit avoir été refendues dans le même bloc. La voûte est un chef-d'œuvre d'ornementation avec ses fouillures et ses pendentifs. Les parois sont de stuc ouvragé comme une dentelle éblouissante, et sur les *Azulejos* qui forment la hauteur d'appui, on retrouve encore la devise célèbre : « *Dieu seul est vainqueur !* » Une porte, au fond, s'ouvre sur ce que l'on appelle le *Mirador de Lindaraja*, négresse favorite de l'un des rois de Grenade : il est ornementé comme la salle de *Las Dos Hermanas* et ses fenêtres donnent sur un charmant jardin.

Il faut voir encore la *Capilla Real* où l'on trouve, pêle-mêle, les inscriptions arabes, les chiffres des rois catholiques, leurs armes, leur devise ; l'autel est d'un côté, et de l'autre, sous la tribune massive, le *Mihrab* attenant à l'ancienne mosquée. Toute cette partie du Palais a été transformée, défigurée. On arrive par une galerie, au *Tocador de la Reyna*, soi-disant cabinet de toilette de la reine

Isabelle la Catholique, joli pavillon, élégamment ciselé, avec une pierre trouée, comme dans les bains, pour faire monter l'odeur des parfums. On a peint quelques fresques représentant les principaux combats glorieux pour l'Espagne, la bataille de Lépante entre autres.

Il faut voir encore les Bains, précédés de la salle de repos ; cette partie a été complètement restaurée et repeinte sous la direction et sur les plans de Don Rafael Contreras ; et, grâce aux intelligentes restaurations de cet homme de goût et de savoir, on peut avoir une idée de ce qu'était cette merveille, alors qu'elle brillait de tout son éclat.

Dans les archives, on admire surtout, presque uniquement, le fameux vase de l'Alhambra si souvent reproduit sous toutes les formes ; mais, vous l'avouerai-je, on est las d'admirer toujours et sans cesse. Il faudrait rester un mois ici pour se reposer les yeux et l'imagination, et, le trentième jour, on trouverait encore quelque chose qui vous aurait échappé ou une merveille que l'on voudrait revoir. Le célèbre M. de Custine était un esprit difficile ; il n'a pas été entièrement satisfait, paraît-il ; et je retrouve cette note dans des papiers qui n'étaient pas destinés à voir le jour : « Il manquera tou-

« jours quelque chose aux chefs-d'œuvre de l'ar-
« chitecture maure ; le joli appartient aux Arabes,
« comme le beau appartenait aux Grecs, le grand
« aux Romains, le sublime aux Goths c'est-à-dire
« aux Chrétiens, et le gigantesque aux Égyptiens. »

Je trouve, moi, que l'Alhambra est splendide ! Mais il faut en sortir après avoir admiré encore le superbe panorama dont on jouit de la tour de la *Vela* ; cette plaine immense, bornée par la Sierra Nevada et les monts de la Alpujarra, c'est la route de terre de Grenade à Malaga. C'est par là que Boabdil, le dernier roi maure, après avoir quitté l'Alhambra avec toute sa cour, par la porte de *los Siete Suelos*, comme je l'ai dit déjà, prit le chemin de l'Afrique. Arrivé au sommet du mont Padul, d'où l'on voit, au delà du détroit de Gibraltar, Tanger, Ceuta et toute la côte de Barbarie, il jeta un dernier regard sur Grenade, la *Vega*, le cours du Génil aux bords duquel se dressaient encore les tentes de l'armée des Rois Catholiques : à la vue de ce beau pays et des cyprès qui marquaient çà et là, les tombeaux des musulmans, Boabdil se mit à verser des larmes. La sultane Aïcha, sa mère, qui l'accompagnait dans son exil avec les grands qui composaient jadis sa cour, lui dit

alors : « Pleure maintenant, comme une femme,
« un royaume que tu n'as pas su défendre et pour
« lequel, homme, tu n'as pas su mourir. » Et la
caravane disparut vers le Sud.

Ces monts de *La Alpujarra* avaient reçu leur
nom d'un Arabe, lieutenant de Tarick, nommé *Aba-
rara*, qui s'en était emparé et qui commandait lors
de l'invasion de l'Espagne.

Encore quelques mots de Grenade, avant de la
quitter, nous aussi.

Je n'ai pas cité, dans la ville, la *Puerta de Elvira*,
un des plus grands arcs mauresques qui existent ;
en allant, de là, au *Monte Sacro*, il faut visiter
les tanières des Gitanos et assister à leurs danses
nationales. Il y a aussi des promenades ravissantes
à faire aux environs de Grenade, à commencer par
la *Fontaine des Pins*, rendue célèbre par les duels
entre les Maures et les Chrétiens, celui de Malek
Alabes et de Ponce de Léon, entre autres ; le Grand
Maître de Calatrava y tua le valeureux Abagados et
le baptisa avant qu'il n'eût rendu le dernier soupir.
C'est encore là où l'histoire place la scène du duel
d'Aben Hamet et de Don Carlos, frère de Doña
Blanca.

Assez de souvenirs anciens comme cela ; mais

n'oublions pas de visiter le *Généralife*, où l'on arrive par une belle allée de cyprès. C'était la maison des fêtes de l'Alhambra, située plus haut que le palais. Elle est déshonorée par des couches de badigeon, sous lesquelles disparaissent, ou à peu près, toutes les sculptures délicates qu'on y voyait jadis. Mais ce qui fait du Généralife le comble des enchantements que la nature puisse offrir, ce sont ses jardins, ses bois; ses allées en pente avec des jets d'eau superposés : c'est la villa Palaviccini de Pegli, sous le ciel de Grenade, et avec l'antiquité en plus, me disais-je; aussi quelle ne fut pas ma surprise en apprenant que le Généralife appartient également au marquis Palaviccini, descendant des rois maures! Je dois citer encore, sur la colline des *Torres Bermejas*, au-dessus de *Los Mártires*, une magnifique maison de campagne, toute moderne celle-là, qui appartient à mon ami Don Carlos Calderon : vue superbe, eaux abondantes, lacs, îles, végétation splendide, ombrages sans fin : il faut visiter cette magnifique demeure.

Mais il nous faut, hélas! quitter Grenade et ce n'est pas sans regrets. Grenade est un de ces rares séjours d'où l'on peut dire, en partant, qu'on y reviendra avec plaisir. Vous avez remarqué souvent, dans la vie des voyages, que l'on regrette la peine qu'on a prise pour voir telle chose peu digne d'intérêt, tandis qu'on est enchanté, parfois, d'avoir vu telle ville, tel pays, sans nourrir cependant l'espoir d'y revenir encore. D'autres au contraire, et Grenade est de ce nombre, veulent être revus et restent classés parmi ceux où l'on revient en esprit, en attendant que l'on puisse faire mieux. C'est comme l'eau du Nil ! Vous connaissez le vieux proverbe : « *On en boit toujours deux fois !* »

Nous reprenons la même route jusqu'à Bobadilla, admirant, en plein jour, le remarquable système d'irrigation qui régit toute la *Vega* et que l'on peut comparer à celui de la *Huerta* de Murcie, les Maures faisant partout et toujours la même chose, avec la même perfection.

Au delà de Bobadilla, on pénètre dans les défilés au fond desquels le Guadalhorce roule ses eaux. C'est une série de travaux d'art qui accusent les progrès de l'industrie moderne, remblais, tunnels, ponts et viaducs, au moyen desquels on franchit, avec des rampes de un à deux pour cent, les sites les plus sauvages, la campagne la plus désolée. Une immense crevasse, au milieu d'épouvantables rochers, *El Hoyo*, la Fosse, est traversée sur un pont d'une hauteur vertigineuse, qui semble lui-même dépassé en hardiesse par celui qui relie deux tunnels entre deux montagnes à pic. Le dernier tunnel passé, la scène change comme par enchantement : nous étions au milieu d'un décor diabolique du Freyschütz et nous nous trouvons dans une magnifique vallée couverte d'orangers ; on dirait la *Conca d'Oro* de Palerme ; des palmiers dressent partout leur têtes. Je ne connais rien de comparable à ce paysage et j'en ai cependant vu beaucoup, à travers le monde. Nous arrivons à Alora ; et nous ne sommes plus qu'à cent mètres au-dessus du niveau de la mer. Le Guadalhorce, qui est descendu comme nous, arrose la campagne luxuriante de fruits et de moissons. Un peu plus bas c'est Pizarra, d'où l'on va aux bains de Carratraca, et aussi à Ronda.

A Malaga, je trouve à appliquer les réflexions que je faisais en quittant Grenade. Evidemment j'aurais regretté de laisser de côté ce joli port de mer, en faisant un voyage en Espagne, mais je n'y reviendrai pas. Les hôtels sont mauvais ; on y est fort exploité ; et, à part la cathédrale et les environs de la ville, on a bien de la peine à employer utilement le jour que l'on est forcé d'y passer. Le jour ne serait rien, s'il n'y avait pas deux nuits obligatoires.

Quels lits ! quelle table d'hôte ! quels prix ! Mais enfin, puisque nous sommes à Malaga, il faut bien visiter la ville qui a une grande importance au point de vue commercial ; aussi va-t-on y créer un port nouveau, pour remplacer celui qui existe. A en juger par les plans, ce sera une *Joliette* comme à Marseille, à côté du vieux port, avec cette différence que ce vieux port ne vaut rien et que la vieille Darse Phocéenne valait et vaut beaucoup.

Malaga compte bien près de cent vingt mille habitants : le climat y est doux et sain ; on affirme que le thermomètre reste au plus bas à 6° au-dessus de zéro, et qu'il ne dépasse guère 30° au plus fort de l'été. Les rues sont étroites et tortueuses, comme dans toutes les villes où les Maures ont passé ; mais, de même que l'on adopte partout l'horrible costume que les modes de Paris et de Londres imposent au bon goût du monde entier, la tendance générale, en Espagne, comme ailleurs dans les pays chauds, est de construire de grandes rues larges et bien alignées, de manière à ce que le soleil puisse y griller à son aise les malheureux passants et que le moindre vent y soulève des tourbillons de poussière. On sera à la mode ! ceci répond à tout !

Parmi les places il faut citer celle de la *Constitucion* ! C'est inévitable dans un pays où l'on en change plus souvent encore qu'en France. Puis celle *de Riego* où l'on voit un monument consacré à la mémoire du général Torrijos, passé par les armes en 1831, par ordre du général Moreno qui fut lui-même assassiné à Urdax, en 1839, à la fin de la première guerre Carliste. C'est un diminutif de notre colonne de la Bastille, avec les noms des *héros* morts pour la révolution : cela fait également bien dans la patrie des *Pronunciamientos*.

La plus belle promenade de Malaga est l'*Alameda*, entourée de beaux arbres, éclairée au gaz, avec des bancs, des statuettes, et aux deux extrémités de laquelle s'élèvent deux jolies fontaines. Celle du bas est en marbre et une des plus curieuses qui existent en Espagne : c'est un bassin octogone surmonté d'une colonne, couverte de la base au sommet de sujets admirablement sculptés ; des tritons, des sirènes, des faunes, des satyres et même des enfants, laissant couler l'eau un peu par tous les bouts ; c'est pire que le Manneken de Bruxelles. La *Fuente de Neptuno* est située à l'extrémité de l'*Alameda*. *La calle Hermosa*, qui mérite son nom, conduira au nouveau Port ; et le *Campo de Reding* suit la plage, au pied de la forteresse. *El Castillo de Gibralfaro*, ou mieux *Gibelfaro*, complète avec la *Courtine du Môle*, l'ensemble des promenades. Il ne faut pas oublier qu'avec la *Plaza de Toros*, les promenades sont ce qu'il faut avant tout à une ville espagnole, de quelque petite importance qu'elle soit.

La cathédrale est le seul monument de Malaga qui mérite ce nom. Elle est d'ordre corinthien, avec un portail gothique parmi les sept portes qui y donnent accès. Sa façade du nord est composée de trois arcades soutenues par de belles colonnes corinthiennes aussi. L'intérieur, divisé en trois nefs, ne manque pas d'élégance et de majesté : le maître-autel est l'œuvre d'Alonso Cano qui y a laissé des traces précieuses de son ciseau. Il y a aussi quelques bons tableaux. Les chapelles les plus intéressantes, parmi les trente-trois que l'église renferme, sont celle de *San Francisco* et celle de *La Concepcion*. Avec ses deux tours, dont l'une s'élève à près de cent mètres de hauteur et l'autre restée inachevée, élégamment posée en face de la mer dans l'axe même du vieux port, la cathédrale de Malaga est remarquable à tous égards par son architecture et sa situation.

Pour bien juger de la ville et de ses environs, il faut monter au *Gibralfaro*, le point le plus élevé de la ville, environ cent soixante-dix mètres d'altitude; de là, on jouit du paysage qui se déroule aux regards du côté de la terre et on contemple, sous un ciel d'un bleu profond, les eaux bleues de la Méditerranée.

L'*Alcazaba* est une autre citadelle dont la construction remonte à une époque antérieure à la domination des Maures ; elle est en partie ruinée, et ce qui reste a été aménagé pour y installer les bureaux du commandement général de la province.

Les habitants de Malaga sont aimables et bienveillants; les *Malagueñas* sont belles et gracieuses : le peuple y est plus civilisé qu'à Cordoue et à Grenade, parce que nous sommes ici dans un port de mer et qu'on a l'habitude d'y voir des étrangers ; mais les mendiants sont nombreux et importuns.

CHAPITRE IV

J'aurais dû dire, en préface, que l'on ne voit pas l'Espagne en un jour, ni même en un seul voyage. Si, en deux ans, on veut bien la connaître comme elle mérite de l'être, il ne faut pas s'éterniser à Grenade, à Séville, à Cordoue, ni dans les musées de Madrid : il faut marcher et marcher toujours ; il faut voir la côte et l'intérieur.

Voulant aller directement de Barcelone à Madrid, avec mes lecteurs, je ne les ai même pas conduits de la capitale de la Catalogne au Montserrat. De Malaga à Cadix, même embarras pour moi : il faut voir Ronda et Gibraltar et il faut aller aussi par la voie ferrée. Je vais donc suivre les deux routes, en commençant par la plus pittoresque ; puis je reviendrai à Gobantes pour escorter également les voyageurs qui ne voudraient pas faire cette excursion, tellement belle cependant qu'on ne peut en citer, en Europe, une qui lui soit comparable : ces derniers auront la ressource d'aller de Cadix à Gibraltar par le bateau à vapeur, mais ils n'auront pas vu Ronda !

En attendant que la ligne de chemin de fer projetée entre Bobadilla et Gibraltar par Campillos, Teba, Alberquilla, Ronda, Jimena et Algeciras, soit mise en adjudication, construite et livrée à l'exploitation, ce qui ne sera pas fait de sitôt, on ne peut aller à Ronda, et de là à Gibraltar, qu'en diligence, à cheval ou à pied.

Les voyages à pied ne sont pas de mode en Espagne et le climat, surtout dans les provinces du Sud, s'y prête peu. La distance à parcourir à cheval, depuis Bobadilla ou Gobantes sur la ligne du chemin de fer de Malaga à Cordoue, jusqu'à Ronda, est trop longue pour être considérée comme une course d'agrément. Nous allons donc donner nos préférences au système de locomotion le plus com-

mode et le plus rapide, malgré ses inconvénients,
dans un pays où la poussière est un véritable fléau,
la diligence, qui conserve ici, dans son attelage et
dans ses allures, un caractère des plus originaux.
Partis de Malaga à sept heures et demie du matin,
nous quittons le chemin de fer à Gobantes, et
nous prenons immédiatement, devant la porte de
la *Fonda de la Casa Blanca*, la voiture qui nous
déposera à Ronda à quatre heures du soir.

C'est un lourd véhicule à trois compartiments,
coupé, intérieur et rotonde, peint en jaune à l'extérieur, doublé au dedans de drap qui fut bleu
jadis, et garni de chaînes et de sabots de fer
appendus dans l'espace restant libre entre les
roues. Dix mules sont attelées, deux à deux, à ce
monument, écrasé par la bâche de cuir noir qui a
perdu sa couleur sous l'action du soleil, de la poussière et de la pluie : elles sont surchargées de har-
nais, de pompons, de grelots. Le siège du cocher
est placé sur une banquette qui occupe tout le
devant du coupé, à la même hauteur, et qui est
abrité par le plafond de la diligence disposé en forme
de véranda : le conducteur et un jeune homme armé
d'une gaule de quatre pieds, s'assoient à côté du
cocher : le conducteur, on le comprend, est le

chef de ce train-là ; mais le jeune homme à la
gaule, quelles sont ses attributions ? Nous le verrons en route. Un gamin dépenaillé est à califour-
chon sur la mule de gauche de la première volée ;
le plus souvent cette mule est un cheval. Ce gamin est l'aiguilleur qui tient dans ses mains la vie
des voyageurs, car c'est lui, c'est lui seul qui di-
rige dans les tournants dangereux, sur le bord
des précipices, la marche des huit bêtes soumises
à sa juridiction, les brides dont le cocher dis-
pose ne dépassant pas la tête des deux mules du
timon..

Le coupé se trouvant libre, nous nous y installons :
c'est la meilleure place, malgré le paravent que les
dos du cocher, du conducteur et du jeune homme
mystérieux, dressent devant le nez de l'occupant,
au plus grand détriment de la vue dont il voudrait
jouir. Tout le monde est à son poste ; le personnel
sur sa banquette, les passagers dans leurs compartiments. Les garçons d'écurie réchauffent les mules
de l'attelage à grands coups de bâton, les appelant
chacune par leur nom, leur prodiguant, au milieu
de jurons sonores, force encouragements et encore
plus de menaces. Le signal du départ vient d'être
donné. Armé de son fouet, le cocher tape, à coups

de manche, sur les deux bêtes placées à sa portée : le conducteur a trouvé on ne sait où, une trique dont il fait le même usage : le jeune homme à la gaule se met de la partie : le gamin de tête éperonne sa monture, et ne ménage pas les horions à la mule sa voisine : les garçons d'écurie redoublent la bâtonnade ; et les mules, ahuries par les cris, aiguillonnées par la peur, espérant fuir les coups, enlèvent au triple galop la diligence qui part à fond de train, en chassant sur ses essieux d'une manière épouvantable.

Nous sommes sur le versant occidental de la *Sierra de Abdalajis* ; le paysage est sauvage, la contrée désolée. De distance en distance, des ruines de châteaux, de forteresses, d'*atalayas* : partout les traces des Maures qu'on dirait partis d'hier ; et voilà quatre siècles qu'ils ne sont plus là !

La route est accidentée : à chaque instant des montées rapides, des descentes à pic. C'est alors que la ferraille, appendue sous la voiture, trouve son emploi et que le jeune homme aux attributions ignorées, exerce ses fonctions. A chaque descente, on défait les chaînes et on ajuste les sabots aux roues de derrière qui, chaussées de ces patins à semelle aplatie, ne tournent plus et opposent ainsi une énorme

résistance à la marche trop précipitée que les roues
de devant essayent en vain de prendre. Pour gravir les rampes, il s'agit de lancer l'attelage à toute
vitesse, à partir de leur base et de ne pas le laisser s'arrêter en chemin. Le manche du fouet du
cocher, le gourdin du conducteur, les éperons du
gamin et sa courte lanière, s'escriment à qui mieux
contre les pauvres mules qu'épouvantent encore
les vociférations et les trépignements des deux au-
tomédons assis sur la banquette. Quant au jeune
homme à la gaule, il est descendu de son siège et,
courant à perte d'haleine, il frappe à tour de bras
sur les reins, sur les flancs, sur la queue des six
mules du milieu, regagnant sa place, descendant
de l'autre côté pour n'avoir pas à faire le tour de
la voiture, soufflant comme un marsouin, suant
comme un mitron, criant comme un brûlé et jurant comme un possédé. C'est un écureuil, c'est un
singe, c'est un acrobate; mais c'est surtout un fus-
tuaire émérite, un bâtonniste sans pareil.

Nous passons à Ardales où s'amorce la route qui
mène aux bains de Carratraca, situés sur l'autre
versant de la *Sierra de Aguas*. On traverse Casara-
bonela, admirablement posée dans un berceau de
fleurs et d'où l'on aperçoit les belles tours mau-

resques de *Alhaurin el Grande*; puis la route s'engage dans d'épouvantables défilés pour traverser la *Sierra de Tolok* et franchir le *Puerto de Martinez*, au milieu d'énorme blocs rouges. On voit ensuite les grosses tours carrées du vieux château de *El Burgo* dont les ruines dominent en l'écrasant, le misérable village qui est groupé à leur pied.

Nous entrons dans les défilés de la *Serrania* de Ronda, dont les gorges du Montenegro peuvent seules donner une idée. Ce sont d'abord les échancrures géantes que l'on désigne sous le nom imagé de *Dientes de la Vieja* (les Dents de la Vieille) parce qu'elles se montrent comme les chicots ébréchés qui restent encore, isolés les uns des autres, sur d'antiques gencives ; puis, l'affreuse descente du *Puerto de los Empedrados* ; ensuite, le *Puerto del Viento* balayé par les rafales ; au delà le torrent du *Toro* ; enfin le panorama de Ronda dont l'horreur surpasse toute beauté.

C'est la *Vega* de Ronda, luxuriante de verdure et de fleurs, circonscrite dans un cercle de montagnes d'un bleu d'azur et au milieu de laquelle se dresse une pyramide rocheuse aux teintes jaunâtres, de trois cents mètres d'élévation, fendue par le milieu du haut en bas et dont les sommets jumeaux, séparés par l'immense déchirure, sont couronnés, l'un par ce qui reste de l'ancienne ville des Maures, l'autre par les constructions de la Ronda des Chrétiens. Les ruines d'un aqueduc romain, de dimensions énormes, coupant la plaine sur l'un de ses côtés, viennent encore ajouter un effet grandiose au merveilleux du tableau qu'embrasse le regard.

Ronda est située au pied de la *Sierra Morena*, couverte, à son sommet, de neiges éternelles. Construite par les Maures qui ne l'abandonnèrent que bien longtemps après avoir perdu Grenade, elle est divisée en deux par une tranchée gigantesque, *El Tajo*, de soixante-dix mètres de largeur et de près de trois cents de profondeur, dont les arêtes sont si vives et les parois si unies qu'on dirait que la masse rocheuse a été coupée, de la cime à la base, par un coup d'épée gigantesque que le bras de Dieu seul a pu donner.

Nous avons passé sous le magnifique aqueduc qui amenait autrefois à Ronda-la-Vieja, l'*Arunda* des Romains dont il ne reste plus que des ruines à trois lieues d'ici, les eaux du Guadalvin captées en amont de la *Cueva del Gato*, la Grotte du Chat et la route, décrivant une grande courbe, traçant plusieurs lacets, nous élève insensiblement du niveau où nous sommes, à la hauteur où la ville est placée, soit une différence de deux cents mètres environ. La diligence s'arrête devant le *Parador* de *Buena Vista*, admirablement posé au bord du précipice, et nous nous laissons tenter par cette situation sans avoir eu à regretter, pour ce qui concerne la table et le coucher, de lui avoir donné la préférence sur les deux autres fondas qui lui font concurrence. A peine arrivé, nous courons au Pont-Neuf, qui traverse la fissure sur son point le plus étroit et qui relie la ville moderne à l'ancienne cité des Maures. Ce pont qui se compose d'une arche principale de trente-huit mètres de jour, et de deux arches plus petites, placées aux deux extrémités comme des crampons au moyen desquels elle s'accroche au rocher, fut construit vers la fin du siècle dernier, sur les plans et sous la direction de l'architecte Don José Martin de Aldeguela dont la mort tragique deviendra le romancero de cet ouvrage d'art quand, à travers les âges, le récit de cet événement aura pris les formes poétiques des légendes du passé. Ce qu'il y a de certain c'est que cet architecte, s'étant penché sur le parapet pour regarder en bas, fut pris de vertige et tomba au fond du ravin où l'on retrouva son corps en lambeaux. On comprend aisément que la tête ait pu lui tourner, quand on sonde l'abîme que l'on a sous les pieds : le Guadalvin roule avec fracas au milieu des rochers et c'est à peine si l'oreille perçoit un doux murmure ; les maisons et les gens sont de dimension et de taille ordinaires et cependant on les croirait sortis d'une boîte de joujoux de Nuremberg.

Nous entrons dans la vieille ville qui ne renferme plus que quelques habitants, et nous trouvons, au bout, l'antique pont de San Miguel qui nous montre, sous d'autres aspects, le même tableau des convulsions de la nature, empreintes de la même grandeur. L'Alcazar n'a plus que des murs délabrés ; nous passons à travers ses ruines, et par un sentier de chèvres, creusé dans le roc, nous descendons à près de deux cents mètres au-dessous des deux ponts et des deux villes qu'on dirait perdus dans les airs : c'est un spectacle fantastique ; on s'oublie à l'admirer.

Le Guadalvin tombe en cascades, dans sa prison de pierre et ses eaux font mouvoir les roues des moulins maures attachés sur ses bords : quelques pas seulement et nous le voyons, redevenu tranquille, caresser mollement une fraîche vallée parsemée de jardins et couverte de fruits : les séductions de la nature à côté du chaos ! Il faut venir à Ronda pour trouver un contraste aussi grandiose, aussi accentué.

Si la descente était périlleuse, la montée ne l'est pas moins : on doit avancer avec précautions ; une chute serait mortelle.

Nous visitons, dans la rue de *San Pedro*, le Palais du roi maure Al-Motad-Ed qui, au dire de la tradition, buvait dans des gobelets ornés de pierreries, faits avec les crânes des chrétiens qu'il avait lui-même décapités. On descend du palais à la rivière, en passant par les jardins superposés ; l'escalier de marbre, incrusté dans le roc, fut souvent arrosé par la sueur des esclaves chrétiens que le farouche musulman obligeait à monter l'eau du Guadalvin, pour remplir ses citernes.

Mais le gouffre nous attire ; nous revenons sur ses bords, au *Parador* de *Buena Vista* ; le soleil va disparaître là-bas, derrière la *Sierra del Pinar*, et ses rayons obliques, avec leurs teintes rouges, illuminent de tons indescriptibles ce paysage étrange, ces épouvantables rochers. Les vautours planent sous nos pieds et le fond de la crevasse disparaît peu à peu dans l'ombre envahissante.

Ronda est peuplée d'environ vingt mille habitants :
le climat est doux, délicieux en été ; la moyenne
de durée de la vie dépasse de beaucoup les bornes
ordinaires, et les cas de longévité y sont très fré-
quents. Le proverbe l'affirme quand il dit : « *En Ronda
los hombres á los ochenta son pollones* : à Ronda, à
l'âge de quatre-vingts ans, les hommes sont encore
de jeunes coqs. » Le type des *Rondeños* est certainement le plus caractéristique des types andalous, déjà
si caractérisés. Les mœurs, le costume, le langage,
tout garde là, un cachet profondément gravé. Les
hommes portent, avec cette élégance dont ils ont le
secret, le chapeau, *calañés*, de feutre velouté, la che-
mise brodée aux boutons reluisants, le gilet évasé
de voyantes couleurs, la veste ajustée qu'ornent des
arabesques faites de drap de diverses nuances, la
ceinture de soie qui comprime la taille, la culotte
collante dans laquelle on ne sait pas comment ils
ont pu se loger, les guêtres de cuir jaune aux mul-
tiples lacets, les bottines de veau serrées à la che-
ville, et la mante de laine bariolée qui leur sert de
manteau, de lit et de besace. Les femmes n'ont pas
leurs pareilles, dans toutes les Espagnes, pour la
tournure, la grâce et la beauté : personne ne sait,

comme elles, planter dans des cheveux d'un noir d'ébène aux reflets bleuâtres, l'œillet écarlate ou la rose mousseuse ; personne, comme elles, n'a ces yeux dont on rêve, ce teint que les Vierges de Murillo ont fait connaître au monde, ces formes délicates aux suaves contours ; personne ne se drape mieux qu'elles dans la mantille de dentelles, le châle de Manille ou la mante de soie ; personne enfin, comme elles, ne réunit autant de séductions sous la basquine ronde et le corset de velours, la jambe bien prise dans un bas étiré, et le pied si cambré dans son petit soulier.

Les mélodies de Ronda, que l'on répète d'un bout à l'autre de la Péninsule Ibérique, ont un rythme plaintif et caressant ; les danses sont un poème de chaste volupté.

Ronda et sa *Serrania* vivent principalement de la contrebande, alimentée par la proximité de Gibraltar que les Anglais détiennent et garderont, non plus comme une forteresse maîtresse du détroit qui met l'Océan en communication avec la Méditerranée, mais comme un entrepôt admirablement situé pour inonder frauduleusement l'Espagne de produits britanniques. A part cela, l'élevage, et surtout le dressage des chevaux, constituent la seule et unique industrie de la contrée : les chevaux sont des modèles de la race andalouse ; les dresseurs pourraient en remontrer aux plus célèbres entraîneurs de France et d'Angleterre.

La *Maestranza de Ronda* est une institution du moyen âge qui conserve tout son prestige et toute sa prépondérance. Cet ordre nobiliaire, dont les statuts datent des premiers jours de la chevalerie, n'a plus qu'un caractère honorifique, mais il figure au premier rang parmi ces corporations traditionnelles que l'Espagne a la sagesse et l'orgueil de respecter.

Réveillés avant l'aube, nous courons à l'*Alameda* pour voir, sous cette forêt de lauriers-roses le lever du soleil.

Le ciel a des teintes verdâtres d'une ineffable douceur. La lumière qui monte, éclaire tour à tour le sommet des *Sierras* dans le lointain et Ronda elle-même s'illumine de ces rayons de feu. Accoudés à la grille qui surplombe, nous admirons encore une fois *El Tajo*, la coupure, et ses immenses profondeurs.

Nous profitons de cette sortie matinale pour entrer dans un vieux couvent, voir la Maison de Ville, lourd monument du xviie siècle et visiter la Place des Taureaux où, malheureusement, nous n'avons pu assister à une de ces courses qui sont réputées pour être des meilleures de l'Espagne, mais qui n'ont lieu qu'à l'époque des foires, dans les derniers jours du mois de mai.

Pour aller à Gibraltar, on n'a pas ici l'embarras du choix. On ne peut y aller qu'à pied ou à cheval ; or, les voyages à pied étant bannis du programme des touristes en Espagne, c'est le cheval qui reste seul maître de la situation. Nous avons donc traité avec un guide, recommandé et garanti par le propriétaire du *Parador*, qui nous fournira les montures, nous accompagnera et nous mènera à bon port.

La distance qui sépare Ronda de Gibraltar est de soixante-douze kilomètres, par des chemins qui, le plus souvent, ne sont que d'abrupts sentiers : force est donc de renoncer à faire le voyage d'une traite, il faut coucher en route, quelque part. Le cheval que nous devons monter est un bel andalou, à l'épaisse crinière et à la longue queue : il est blanc comme la neige et doux comme un agneau. Sa selle mauresque est recouverte d'un caparaçon fait d'une mante de Palencia aux rayures criardes, et elle est ornée, par devant et par derrière, d'énormes besaces venant de Villadiego, qui pendent sur le garrot et sur les flancs de l'animal : les étriers sont garnis de sabots de bois dans lesquels le pied se loge comme dans une niche et une double bride, ainsi que la corde de jonc enroulée sur l'un de ses côtés, nous répondent des moyens coercitifs à employer en cas de besoin, comme du licol nécessaire à chaque halte qu'on fera. Le guide chevauchera sur un genet solide, portant même harnachement, et, de plus, un énorme tromblon appendu à l'arçon : le genet est alezan brûlé, c'est la couleur du pays. Les besaces se garnissent de notre petit bagage, de victuailles pour le déjeuner et d'une outre de cuir contenant quelques litres d'excellent vin d'Espagne.

Notre hôte attentionné ajuste lui-même à notre talon gauche un éperon rouillé, muni d'une grande molette, que le guide a fourni. Il est dix heures du matin : nous avons pris congé de tout le personnel du *Parador*, rangé sur le pas de la porte ou perché sur les balcons ; on nous a souhaité, une foule de fois, bon et heureux voyage ; on nous a redit, on nous redit encore : « *Vaga usted con Dios* : Allez avec Dieu ». Répondant à notre tour : « *Queden ustedes con Dios* : Restez avec Dieu », nous enfourchons notre andalou et, suivant de près notre guide, nous nous mettons en route pour Gibraltar.

Au sortir des murailles de roche entre lesquelles il passe au fond du précipice que Ronda domine du haut de ces escarpements, le Guadalvin prend le nom de Guadiaro et se cache sous bois, dans la fraîche vallée de Cortès dont les fruits à noyaux, les pommes et les poires, sont des plus savoureux. Nous cheminons pendant quatre heures sur les bords de la rivière, l'accompagnant dans ses méandres et partageant avec elle les douceurs de ces lieux ombragés : la vallée est solitaire et la vue coupée par les arbres qui couvrent la plaine et les versants de la *Sierra de Toro* et de la *Sierra de Libar* qui enserrent cette oasis que nous parcourons. Mais voici le *Ventorrillo de Jimena* : c'est le moment de faire halte, de donner aux chevaux un picotin et de faire honneur à nos provisions de route. Le *Ventorrillo*, comme son nom l'indique, est le diminutif d'une *Venta* ; et la plupart des *Ventas* en Espagne, n'offrent au voyageur que l'orge et la paille pour les montures, de vastes écuries et une cuisine immense où chacun est libre de condimenter à sa façon ce qu'il aurait à faire cuire, en profitant du feu allumé dans l'âtre et des ustensiles mis à sa disposition qui se résument en quelques pots de grès et quelques poêles de fer battu. La *Venta* et le *Ventorrillo* ne fournissent pas autre chose : ni pain, ni vin, ni viande, ni poisson, ni légumes. Ah ! oui, on y trouve du sel, ce symbole de l'hospitalité, de l'eau limpide et froide, et du chocolat servi dans de petites tasses, du chocolat exquis. Quant aux lits, il n'en est pas question, les muletiers étant seuls, parmi les passants, à s'arrêter là pour la nuit et dormant, tout habillés, sur la paille, dans un coin de l'écurie.

Le *Ventorillo de Jimena* ne fait pas exception à la règle et il ne pouvait nous donner ni rien de moins, ni rien de plus. Nous faisons donc servir leur repas à nos bêtes, et nous nous installons devant une table, sous une treille, pour nous réconforter de notre côté, grâce à nos provisions.

Après deux heures de repos, nous repartons, et laissant le Guadiaro continuer ses courbes capricieuses, nous nous rapprochons du pied de la *Sierra Bermeja* dont le nom même indique les vermeilles couleurs. La route est de plus en plus pittoresque : le soleil, dans sa course descendante, dore des tons les plus chauds, ce paysage dont l'aspect sauvage est corrigé par la grandeur de ses formes et les derniers rayons de l'astre à son coucher, illuminent au loin la silhouette de la petite ville de Gaucin, perchée, elle aussi, sur une éminence rocheuse que couronnent les ruines d'une forteresse des Maures.

C'est là que nous allons nous arrêter, car la nuit va venir et il n'est pas prudent de s'aventurer dans l'ombre à travers ces casse-cous. La montée, pour y arriver, est quelque chose d'épouvantable : un escalier disloqué taillé dans le roc et des précipices affreux, où le moindre faux pas nous ferait dégringoler. Nous mettons pied à terre et notre guide en fait autant : chacun ainsi veille à sa propre sécurité ; les chevaux livrés à leur instinct et nous, dégagés du souci de les guider ou de les maintenir.

Le *Parador* de *los Ingleses* est une grande auberge, dont le rez-de-chaussée est installé à l'espagnole, avec ses arcades, ses fontaines, ses cours à ciel ouvert et ses vastes écuries, tandis que l'étage supérieur renferme des installations presque britanniques, car on y trouve une table parfaitement servie, des vins de choix, du thé et des boissons alcooliques : inutile de dire que les Anglais, allant à Gibraltar ou en venant par terre, sont les hôtes accoutumés de ce *Parador*.

Nous partons de Gaucin au lever du soleil : des portes de la ville, la vue est admirable ; la pointe de Gibraltar, dont nous sommes encore à 30 kilomètres, se détache comme la corne d'un rhinocéros, sur les eaux du détroit, et les côtes d'Afrique bleuissent au delà.

Dépassant la *Venta de los Nogales* par un sentier qui longe les rives du Jenal et franchissant le gué de *Pasada Real*, en aval du confluent de cette rivière et du Guadiaro, nous déjeunons à la *Venta de Azebuchal*, de ce qui reste de nos provisions prises au départ de Ronda, tandis que nos chevaux reçoivent une bonne ration de paille, d'orge et de caroubes. Nous trouvons ensuite le bourg de Tesorillo, les défilés d'Almoraïna, la *Venta de Odon* au delà de laquelle nous gravissons la colline que San Roque couronne.

San Roque est une ville d'environ 10.000 âmes, de construction récente puisqu'elle ne date que de l'époque à laquelle la pointe d'Europe devint la proie de l'Angleterre, au commencement du siècle dernier ; elle est située à 12 kilomètres de Gibraltar dont la séparent le territoire neutre et les lignes anglaises. Le voisinage de la possession anglaise a déteint sur elle : son aspect, ses usages sont empreints du cachet britannique.

Nous descendons au bord de la mer : la magnifique baie d'Algéciras se déroule à notre droite, dominée par ces hauteurs, et commandée par Gibraltar.

Nous n'avons nullement l'intention de nous assujettir à la vie cellulaire à laquelle sont soumis les habitants de cette place de guerre et les personnes qui, après avoir rempli une foule d'ennuyeuses formalités, obtiennent l'autorisation d'y pénétrer et d'y passer la nuit. Les portes en effet ferment à 5 heures du soir : impossible après cela d'entrer ou de sortir jusqu'au soleil levé ; les heures d'ouverture et de clôture sont annoncées par un coup de canon. Mais une ville au moins aussi peuplée que San Roque, s'est élevée sur les limites mêmes du territoire neutre, occupant toute la largeur de l'isthme et portant le nom de Linea. C'est là que nous prenons nos quartiers, de façon à n'avoir qu'un pas à faire pour visiter Gibraltar le lendemain, sans avoir subi les ennuis de sa prison. Linea, du reste, est bien construite, on y trouve de bons hôtels, notamment le *Victoria*, et l'animation y est grande, cette ville étant devenue l'entrepôt des marchandises à introduire en Espagne sans payer de droits, et le centre des opérations frauduleuses auxquelles les felouques de la baie et les contrebandiers de la montagne se livrent chaque nuit.

Il faut être muni d'un passeport pour entrer à Gibraltar, et encore le visiteur étranger est-il soumis, d'abord à une constatation rigoureuse de son identité, ensuite à une surveillance occulte de tous ses mouvements. Oh ! la libre Angleterre ! Si l'Espagne ou la France, dans leurs places fortes, faisaient subir aux touristes anglais la dixième partie des mesures vexatoires que l'Angleterre pratique à Gibraltar, le monde entier retentirait des plaintes britanniques et l'Espagne et la France seraient mises par tous les organes de la presse du Royaume-Uni, au ban des nations civilisées !

En sortant de Linea on traverse une petite plaine sablonneuse : puis, on longe le champ de courses, excellent hippodrome admirablement installé ; on trouve ensuite un stand avec ses cibles en permanence, des aires pour le jeu de cricket et pour le lawn-tennis, les cimetières des chrétiens et des juifs, le marché au bétail et les abattoirs.

Le promontoire qui compose cette parcelle du sol espagnol soumise à la domination de la Grande-Bretagne, s'étend depuis le territoire neutre jusqu'à la pointe d'Europe sur une longueur de près de 5 kilomètres, et une largeur variant de un kilomètre à deux. Les Phéniciens la désignaient sous le nom de Alube, d'où Calpe : les Romains s'arrêtaient aux colonnes d'Hercule, entre Calpe en Europe et Abyla sur la côte africaine, qui leur disaient : « *Nec plus ultra* » ; les Berbères le nommèrent Gebal-Tarik, le mont de Tarik, au pied duquel ce chef des Maures débarqua en l'année 711 ; l'Espagne transforma Gebal-Tarik en Gibraltar que les Anglais écrivent de même et prononcent *Djibroltar*.

Guzman-el-Bueno s'en empara en 1309, chassant les Maures qui le reprirent en 1333. Mais un autre Guzman y entra en vainqueur en 1462, et durant deux cent quarante-deux ans, Gibraltar fit partie du royaume d'Espagne. Pendant la guerre de Succession, le 24 juillet 1704, un amiral anglais y entra par surprise et l'occupa au nom de l'archiduc Charles, prétendant à la couronne d'Espagne réfugié alors en Portugal : cet amiral se nommait Sir Georges Rooke, dont la consonnance rappelle le verbe anglais *rook* qui signifie voler. A la signature du traité d'Utrecht, le roi d'Angleterre George Ier était disposé à rendre Gibraltar à l'Espagne, mais ses conditions étaient inacceptables et l'Angleterre garda entre ses mains la clef du détroit : elle en fit une forteresse formidable, une escale pour les vaisseaux de la Compagnie des Indes, un entrepôt pour les produits de ses manufactures, et, de nos jours, un immense dépôt de charbon pour les bateaux à vapeur allant dans les ports de la Méditerranée, dans l'Inde, en Australie, au Japon, en Chine, ou en revenant.

La ville est située sur le bord de la mer, au pied d'un rocher de près de 150 mètres de hauteur, percé de meurtrières, hérissé de canons. En venant de Linea, on y entre par la porte de la baie et, après avoir dépassé le quartier des Irlandais, on rencontre la principale rue : *Main Street*, qui coupe la place du Commerce (*Commercial Square*) et mène, en contournant, à la Cathédrale et au Palais du Gouverneur. Au sud de la ville, toujours au pied du rocher, se trouvent le champ de manœuvre *Grand Parade*, les jardins de l'Alameda, le faubourg de Rosia, les grandes casernes et enfin la pointe d'Europe qui forme l'extrémité orientale de la baie d'Algéciras comme la pointe de Cabrita en marque les limites à l'occident. Gibraltar renferme dans ses murs une population de 20.000 habitants et une garnison d'environ 6.000 hommes. Là, tout est anglais : les maisons, les noms des rues, les enseignes, les magasins, les hôtels, les buvettes, tout jusqu'au brouillard artificiel que produit la fumée du charbon de terre, le combustible le plus employé ; heureusement pour nous que nous ne sommes pas allé visiter Gibraltar un dimanche, car alors la ressemblance eût été par trop désagréable et nous aurions pu nous croire à Hartlepool, à Harwich ou à Falmouth. Toutefois, ce que l'insipidité de la vie anglaise, dans ses formes extérieures, n'a pas effacé, c'est le contraste original entre les soldats blonds aux casaques rouges à brandebourgs blancs ou au jupon écossais qui prête tant à rire aux malignes Andalouses, et les Maures cuivrés, sous leur long burnous blanc, les Juifs de Tanger au turban crasseux, et les gens de la *Serrania* de Ronda drapés dans leurs mantes aux couleurs voyantes ; tout cela allant, venant, se coudoyant, de *Land Port* à *Ragged Staff*, au milieu des fruits du midi de l'Espagne et des produits de Birmingham, de Leeds ou de Manchester, se parlant, disputant, s'injuriant même dans une confusion de langues qui doit rappeler les scènes de la tour de Babel.

Munis de toutes les autorisations voulues, grâce à l'obligeante intervention du chancelier du consulat de France, nous avons visité la ville et les fortifications sous la conduite d'un sergent anglais, le plus aimable des guides et le plus agréable des surveillants que l'on puisse imaginer.

Nous avons vu le *Dock Yard* avec ses bassins de carénage, le nouveau Môle et son débarcadère, les bastions casematés de *Jumper* et du Roi, le vieux Môle et ses quais encombrés de ballots, la cathédrale anglicane, grotesque monument, et la belle église catholique vouée au Sacré-Cœur.

Nous avons parcouru, à cheval, *Willis Road*, et fait ainsi le tour du promontoire, visitant tour à tour, le château Maure construit en l'an 725 par Abu-Abdul-Hager, *la Torre del Homenage* : la Tour de l'Hommage, la batterie *Willis* dominant le précipice de *El Salto del Lobo* : le Saut du Loup, le phare et le sémaphore, la *Sillita*, au-dessus de la

baie Catalan, la grotte San Miguel aux belles stalactites, toutes les galeries couvertes et à deux étages,
où l'on se heurte à chaque pas à l'affût d'un canon, et qui ne serviraient à rien le jour d'un combat, tant les artilleurs y seraient promptement as-
phyxiés. Nous sommes monté, tout en nous
amusant des grimaces des singes sans queue ca-
briolant autour de nous, à la cime du roc, du *Peñon*,
comme on le nomme, pour admirer, de là, un splendide panorama : au nord, la *Serrania* de Ronda ; la
Sierra Nevada aux pics neigeux à l'est ; au sud, de
l'autre côté du détroit, Ceuta toute blanche au pied
du mont Abyla, le Gibel-Mousa des Maures, puis la
pointe de La Almina, et la Sierra de Bullones ; à
l'ouest le Monte Cuervo, chauve comme un vau-
tour ; et à nos pieds la baie, Algéciras, San Roque
et Gibraltar.

Un service de bateaux à vapeur établit, trois
fois par jour, une communication directe entre
Gibraltar et Algéciras, à travers la baie. Profitant
de cette voie facile et commode, nous sommes
allé coucher à Algéciras, à la *Fonda de la Marina*,
pour prendre, au point du jour, la diligence de
Cadix.

Algéciras, le Portus Albus des Romains, l'Ile-

Verte des Maures, *Jezirutu-Al-Khadra*, est située sur la baie, en face de Gibraltar, à l'embouchure du Miel ; sa population est d'environ 15.000 âmes : ses maisons basses, et garnies de grandes grilles de fer, sont toutefois d'un très gracieux aspect : le port est des plus sûrs et les bois de chênes-lièges qui restent toujours verts, forment autour d'elle le plus charmant rideau, tandis que le groupe des petites îles Palomeras nage dans ses eaux comme un vol de canards rasant de près les flots.

En partant d'Algéciras au moment où le soleil se lève, nous voyons le rocher de Gibraltar coiffé d'un chapeau de nuages : c'est signe de beau temps. De même qu'à Lucerne, on dit :

> *Si le Pilate a son chapeau*
> *Le temps se met au beau ;*

on dit à Algéciras :

> *Peñon encasquetado,*
> *Buen tiempo asegurado.*

Nous traversons des défilés, nous serpentons sur le versant de la Sierra de Linea : le paysage est enchanteur, la vue admirable ; il ne manque qu'une chose, des habitants dans cette solitude.

On fait halte pour dîner à Tarifa, la ville la plus mauresque de toutes les villes d'Andalousie, les confins extrêmes de l'Europe au sud, le point le plus rapproché de la côte d'Afrique. Fondée par les Carthaginois qui la nommaient *Josa*, devenue ensuite la *Julia Traducta* des Romains, elle fut longtemps occupée par les Maures : c'était alors Tarif-Ibn-Malik. Sancho le Brave s'en empara en 1232 ; et comme les Maures, sous les ordres d'un traître, l'infant Don Juan, venaient pour la reprendre, Don Alonso Perez de Guzman s'y enferma, jurant de la tenir pendant un an, de la défendre ou de s'envelir sous ses ruines. C'est ici que se place ce drame resté légendaire et connu du monde entier. L'infant Don Juan, avant de passer à l'ennemi de sa patrie et de sa foi, avait parmi ses pages un fils de Perez de Guzman ; il le retint prisonnier et voulut s'en faire un gage, notifiant par la voix du héraut au champion de Tarifa que ce fils, objet de son amour, allait être tué si la place ne se rendait pas. Guzman fit répondre par son héraut : « Mieux vaut l'honneur sans un enfant, qu'un enfant sans l'honneur » ; et il jeta lui-même son poignard par-dessus les murs pour que cette arme servît à l'affreux sacrifice. L'enfant fut tué, et Tarifa resta à l'Espagne.

La ville, peuplée de 12.000 habitants est de forme quadrangulaire, entourée de murailles et dominée par les ruines de son Alcazar ; la tour de Guzman occupe l'un des angles de l'enceinte. Les rues sont tortueuses, tout y est sombre. Dans ce pays du soleil, les femmes sont voilées, laissant à peine un œil à découvert, comme les Péruviennes ; il n'est pas toujours aisé de les reconnaître sous les plis redoublés de leur mantille noire, et on dit que bien souvent il en est résulté de cruelles méprises. On cite le cas de maris surpris faisant la cour à leurs femmes, en les prenant pour une autre. Les mœurs des Maures sont à peine effacées encore.

Une plaine arrosée par le Guadalecito, relie Tarifa à Peña del Ciervo, petite forteresse où l'on employa, dit-on, en 1340 et pour la première fois en Europe, des canons apportés de Damas. On aperçoit, par delà le bras de mer, les murs blancs de Tanger : c'est ici la partie la plus étroite du détroit.

Nous passons ensuite à la *Venta de Tabilla*, laissant à droite la grande lagune de La Janda aux bords de laquelle Tarik rencontra le dernier roi des Goths, Roderic, le battit et prépara ainsi sa victoire de Guadalete qui donna pour des siècles l'Andalousie aux Musulmans.

Traversant le Barbate, nous laissons à droite, sur un monticule, la ville de Vejer de la Frontera, à gauche de Meca et le cap qui fut le *Promontorium Junonis* des Romains, *Tarel-al-Ghar* des Maures, Trafalgar où, le 21 octobre 1805, Villeneuve et Gravina furent vaincus par Nelson qui paya de sa vie les lauriers de la victoire. Conil, qui vient après, est une petite ville de 4.000 âmes, avec un petit port où l'on charge du soufre et où l'on pêche du thon. D'ici on voit au loin, dans les terres, deux pics de forme bizarre dominant Medina Sidonia.

La plaine qui suit, arrosée par le Conilete, est solitaire, infestée de serpents.

Voici Chiclana, belle ville de 12.000 habitants, avec un climat délicieux : c'est la résidence d'été des familles riches de Cadix ; elle possède des eaux minérales justement appréciées.

Puis viennent des marais salants, le canal de Santi Petri qui sépare l'île de Léon du continent, le pont de Suazo ; et la diligence s'arrête enfin aux portes de la ville de San Fernando où nous prenons le chemin de fer qui nous dépose, après un trajet de dix minutes, en gare de Cadix.

CHAPITRE V

De Malaga à Cadix. — Bobadilla. — La Roda. — Osuna. — Utrera. — Xérès. — Cadix. — Murillo. — Séville. — Les Patios. — L'Œuvre de Murillo. — La Caridad. — Le Palais San-Telmo. — L'Alcazar. — Le Musée. — De quelques peintres espagnols. — La Giralda. — La Cathédrale. — De Séville à Madrid. — Aranjuez.

Il s'agit de quitter de nouveau Malaga, à destination de Cadix, par une voie moins pittoresque mais plus facile que celle de Ronda. Nous remontons à Bobadilla et, d'Alora à Gobantès, nous admirons encore ce fantastique spectacle de la voie ferrée traversant des rochers que l'on ne peut comparer à rien. Dans quelques heures, entre Séville et Jerez, nous traverserons des plaines immenses qui ne ressemblent ni à la Crau, ni à la Hongrie orientale, ni au cours du Danube en aval de Pesth, et c'est ici le lieu de reproduire une pensée du marquis de Custine que j'ai cité déjà. Il dit avec une grande vérité que l'Allemagne, la Suisse, l'Italie même, vous laissent souvent penser que vous voyagez dans un autre pays, mais que l'Espagne est toujours l'Espagne. Ici, aucun étranger ne peut se croire chez lui un seul instant, ni s'imaginer que ce qu'il voit n'est pas l'Andalousie.

Nous repassons par Bobadilla dont le buffet est réputé l'un des meilleurs d'Espagne et nous reprenons la route de Cordoue jusqu'à La Roda, embranchement pour rejoindre la grande ligne de Madrid. Cordoue, Séville et Cadix. De La Roda, 380 mètres d'altitude, nous montons à Pedrera, point culminant de cette ligne, 460 mètres, et nous redescendons rapidement par Aguadulce à Osuna, ancien apanage de l'une des plus grandes familles d'Espagne. La *Colegiata* d'Osuna est une église de style gothique dans un coin obscur de laquelle on peut admirer un Christ, chef-d'œuvre de Ribera. Une chapelle souterraine renferme les tombeaux en marbre de la famille d'Osuna.

A Marchena les ducs d'Arcos possèdent un palais ; puis il faut encore changer de train à Utrera et y attendre pendant assez longtemps celui qui va de Séville à Cadix. Nous profitons de l'arrêt pour aller visiter cette jolie petite ville de 14.000 habitants, d'une propreté exquise avec les ruines d'un vieux château dont la grosse tour carrée est presque intacte. On restaure sa principale église qui date du xvi⁰ siècle. La seconde église, *Santiago*, possède dans son trésor, plutôt que parmi ses reliques, l'un des deniers qui furent donnés à Judas pour vendre Notre-Seigneur !!

Nous traversons de grandes plaines marécageuses avant d'arriver à la jolie petite ville de Lebrija avec son vieux château ruiné et ses murailles flanquées de tours. Son église entourée d'un beau cloître, où croissent les orangers, est riche en ornements et en boiseries. La tour qui la surmonte semble copiée sur le modèle de la *Giralda* de Séville. Avez-vous remarqué que partout où il avait un beau monument, une croix d'un joli style, on en retrouvait, partout aux alentours, des copies plus ou moins bien réussies mais qui attestent le penchant de l'homme à la reproduction de ce qui est ou de ce qui lui semble beau ?

Des troupeaux de bœufs, de chevaux, de taureaux, sont épars dans des plaines immenses, à l'ouest desquelles coule le Guadalquivir qui va se jeter dans la mer à San Lucar de Barrameda. Ce n'est que bien peu avant d'arriver à Jérez que l'on voit les premières vignes, admirablement travaillées. La ville se distingue par une excessive propreté : la visite des caves où s'élaborent les vins presque tous destinés à la consommation anglaise, nous mènerait trop loin et nous retiendrait trop longtemps : constatons toutefois que la plupart des propriétaires de ces magnifiques celliers sont d'origine française et surtout du Béarn. Deux tours pittoresques surmontent le vieil Alcazar. Un chemin de fer relie Jérez à San Lucar de Barrameda.

Nous arrivons ensuite à Puerto Santa Maria qui se trouve en face de Cadix ; nous avons 35 kilomètres à faire avant d'y arriver, pour contourner l'immense baie et revenir au nord par l'isthme qui rattache Cadix à la terre ferme. Les courses de taureaux de Puerto Santa Maria sont au nombre des plus célèbres de l'Espagne ; le pays est parsemé de belles habitations. Un embranchement sur le *Trocadero*, pris par le duc d'Angoulême en 1823, se détache de la ligne principale, après avoir passé la rivière de San Pedro. Puerto Real est au fond de la baie, dominé par Medina Sidonia adossée à la montagne, dans une belle position ; plus près, Chiclana où les habitants de Cadix ont leurs campagnes, comme je l'ai dit déjà.

La voie traverse d'immenses marais salants du

milieu desquels s'élèvent des pyramides blanches, puis elle passe sur un pont de bois le bras de mer de Santi Petri qui sépare complètement du continent l'île de Léon où se trouvent Cadix et San Fernando. L'arsenal maritime de la *Carraca* forme une autre île, où l'on n'arrive que du côté de San-Fernando. Il est bien aménagé et renferme toutes les installations nécessaires aux constructions maritimes, des casernes, une église, un collège de gardes-marine et un bagne, comme autrefois chez nous à Brest et Rochefort.

Il nous reste à traverser San Fernando, 25.000 habitants, place forte perdue sur une langue de terre de plus de 10 kilomètres de long, couverte de marais salants et dominée par un monticule sur lequel est établi un observatoire qui règle toutes les estimations de la marine espagnole. La langue de terre se resserre ; c'est à peine si les deux voies, la route carrossable et la ligne ferrée, peuvent y trouver passage : la forteresse de la *Cortadura*, la tranchée, coupe le remblai à mi-chemin et après avoir dépassé la station de Aguada Puntalas et le promontoire de la *Punta de la Vacca*, nous débarquons dans une gare dont le sol tout entier a été conquis sur la mer.

Cadix, dont le nom primitif Gaddip, lieu entouré, que les Grecs et les Romains changèrent en celui de Gades, d'où Cadix, était, au témoignage de Pline, entièrement séparée de l'île de Junon, aujourd'hui Léon. D'après Strabon, elle était une des plus importantes cités de l'Empire, malgré l'exiguïté de son territoire : aujourd'hui cette place forte occupe une presqu'île que l'Océan baigne de toute part ; sa baie est splendide. C'est, dit-on, la ville la plus agréable de l'Andalousie, au moins pour la douceur de son climat. Elle compte cinq portes, mais par le fait, on n'y arrive que par l'isthme. Cadix, peuplée de 65.000 habitants, est l'une des plus anciennes villes de l'Europe, et elle semble toute neuve par la blancheur de ses maisons, par l'air de jeunesse qu'elle a conservé à travers les âges. Montez à la *Torre de la Vigía*, autrement dite *La Torre de Tavira*, et vous aurez sous les yeux l'un des plus beaux panoramas du monde. La ville, d'une blancheur éblouissante, avec ses toits en terrasse et ses fortifications qui tombent en lambeaux sans avoir pris les teintes de la décrépitude ; l'*Alameda* et les Jardins botaniques, deux énormes berceaux de verdure et de fleurs ; la baie, qui se déroule comme un manteau d'azur, gardée par ses rochers, animée par les manœuvres des bateaux à vapeur et des navires à voiles, égayée par le va-et-vient des embarcations de pêche, de trafic ou de plaisance : la jolie ville de Rota penchée sur son promontoire ; San Lucar de Barrameda, Puerto Real, San Fernando, Chiclana, Santi Petri, Medina-Sidonia sur le sommet de la montagne qui lui sert de piédestal ; au loin les monts de Ronda ; et au sud, à l'est, à l'ouest, l'immensité de l'Océan. Allez, l'après-midi, voir le beau monde qui parade dans la *Calle Ancha* et que vous retrouverez le soir sur le *Baluarte de la Candelaria*, à la *Plaza de Mina*, ou sous les ombrages de l'*Alameda de Apodaca* ; il y a encore de jolies Gaditanes, mais ici, pas plus qu'ailleurs, vous ne verrez les costumes nationaux. Une Espagnole remplaçant la mantille par le chapeau, et troquant l'éventail contre le parasol, peut aller se promener aux Champs-Élysées sans qu'on la remarque, sacrifiant ainsi à une imitation stupide des modes de Paris, toutes les séductions d'une toilette charmante d'élégance et d'originalité.

Près de la porte *de Tierra*, l'inévitable *Plaza de Toros*, en bois, très vaste et sans intérêt.

Cadix possède deux cathédrales : l'ancienne, *La*

Vieja, qui n'offre rien de remarquable et la nouvelle, *La Nueva*, qui est une masse imposante mais
lourde à l'œil. Cette dernière, de construction toute
récente, est composée de trois nefs séparées par
d'énormes piliers : la *Silleria* du chœur provient
de la *Chartreuse de Santa Maria de las Cuevas*. La
crypte, malgré ses formes écrasées, est une œuvre
artistique de la plus grande beauté. Il s'y produit
un effet d'acoustique des plus bizarres. Ce n'est
point l'écho de la tour de Murcie que nous avons
retrouvé beaucoup plus parfait encore dans une
des pièces de l'Alhambra de Grenade et que je
ne crois pas vous avoir signalé, mais lorsque vous
marchez sous cette voûte, votre pas se répercute,
sous vos pieds, à plusieurs reprises et comme le
tremblement produit par la hallebarde d'un suisse
d'église, habile dans l'art de se servir des insignes de
ses fonctions. Jamais je n'avais entendu cet effet-là.

Le marbre a été employé à profusion dans la
construction et le dallage de cette cathédrale : les
peintures abondent mais ne sont guère à admirer,
si l'on excepte toutefois une magnifique copie de
la *Conception* de Murillo par Clémente de Torras.
Ses richesses en reliques et vases sacrés, sont incalculables ; la *custodia*, ostensoir, est estimée à plus

de 250.000 francs ; et il y en a une autre, pieuse donation de Don Pedro Calderon de la Barca, qui ne lui cède en rien pour le mérite artistique et pour la valeur.

Mais ce qu'il faut voir surtout et avant tout à Cadix c'est la chapelle du Couvent de *Santa Catalina* qui possède le tableau que peignait Murillo lorsque, se reculant sur son échafaudage pour juger de l'effet, il tomba à la renverse sur les marches de l'autel. Transporté à Séville, il mourut de cette chute trois mois après. C'est un magnifique tableau représentant les Noces de sainte Catherine, dont on ne se lasse pas d'admirer le coloris, le fini de l'exécution et l'expression des traits. Dans la même chapelle et du même grand artiste, on voit encore une Immaculée Conception, Vierge placée au milieu de la nef, bien éclairée et qui vous regarde à quelque endroit de l'église que vous vous placiez. Les traits changent à mesure que vous changez de place vous-même : aucun peintre n'a pu imiter ce chef-d'œuvre et vous comprenez que la photographie ne peut en donner même une idée. Il y a encore un tableau de ce peintre célèbre, Saint Antoine recevant les stigmates ; le saint semble sortir de son cadre.

Murillo aimait à peindre dans l'endroit même où

son œuvre devait être placée, pour juger du jour, de la hauteur et de tout ce dont ne se préoccupent pas assez les artistes de nos jours; nous retrouverons un autre Saint Antoine dans une chapelle de la cathédrale de Séville, qui fut payé 1.600 pesetas et que Louis-Philippe, qui se connaissait en affaires, aurait acquis, malgré sa grande dimension, en le recouvrant tout entier de pièces de cent francs. On n'accepta pas le marché.

Cadix a joué autrefois un grand rôle dans la vie commerciale de l'Europe, alors que les galions venaient y apporter les richesses du nouveau monde et que les pavillons de toutes les nations battaient dans son port franc. Cette prospérité à disparu aussi bien en conséquence du déplacement des opérations marchandes dans le monde entier, que par suite de la perte que l'Espagne a faite de ses grandes possessions d'Amérique, Cuba et Puerto Rico exceptés, et de l'incurie de ses gouvernants. Mais sa situation exceptionnellement favorable est toujours la même : elle est toujours la façade de l'Europe vis-à-vis des Antilles et de l'Amérique méridionale : l'avenir lui appartient.

Nous partons pour Séville et nous refaisons la même route jusqu'à Utrera. A 31 kilomètres de la capitale de l'Andalousie ; nous traversons la station de *Dos Hermanas* et nous entrons à Séville au clair de la Lune. Les Phéniciens la nommèrent Hispalis, à cause de la fertilité de ses terres. Jules César l'appela *Julia Romula* et les Maures lui donnèrent le nom qu'elle porte encore aujourd'hui.

Voilà ce que l'on dit ici, mais il ne faut pas oublier que les habitants de Séville passent pour les Gascons de la Péninsule et qu'ils s'en vantent eux-mêmes. Le marquis de Custine que j'ai cité déjà plusieurs fois et qui ne jugeait rien avec bienveillance, dit du peuple andaloux qu'il est « le plus léger, le moins sincère, le moins généreux mais le plus théâtral des Espagnes. Il ajoute qu'il joue la gravité à merveille et qu'il est naturellement élégant ; il paraît distingué, comme ailleurs on a l'air commun » ; et pour en finir avec ce marquis voyageur, il définit ainsi la *Sal Española* qui est le trait caractéristique de l'Andaloux : « Ce n'est pas la grâce française, ce n'est pas la simplicité, le calme de la beauté italienne ; c'est, au physique, ce que le sel attique était à l'esprit. »

Séville est une grande ville dans toute l'acception du terme ; son climat est charmant, et son ciel admirable. Il y a beaucoup de société ; et en dehors du palais de *San-Telmo*, résidence ordinaire du duc de Montpensier, c'est à l'Alcazar que réside l'ex-reine Isabelle lorsqu'elle vient à Séville. Je ne puis, en ce qui me concerne, accepter le jugement de Custine ; nous n'avons rencontré ici, comme à Barcelone, comme partout, que des gens aimables, empressés et du meilleur monde.

Séville, en effet, ressemble à nos anciennes grandes villes de France. Lyon, Bordeaux, Besançon, Nantes et tant d'autres où l'on venait passer ses hivers avant que le gouffre de Paris n'ait tout attiré à lui et en attendant qu'il devienne inhabitable. Séville a d'excellents hôtels, de belles promenades, toutes les ressources d'une grande ville, mais là comme ailleurs, les costumes nationaux ont à peu près disparu. « Moins un peuple est civilisé, ai-je lu quelque part, plus il attache d'importance à sa parure. » Les Espagnols sont par trop civilisés puisqu'on ne trouve plus, partout, que les hideuses modes de Paris et que, si on ne voyait pas encore le manteau à collet, doublé de peluche aux couleurs voyantes, si toutes les femmes avaient des chapeaux au lieu de la mantille, on ne saurait vraiment pas dans quel pays on se trouve.

C'est à Séville que l'on doit séjourner lorsqu'on

vient en Espagne dans un but autre que de tout voir sans arrêt ; mais je crois l'avoir dit déjà. Il faut passer par ici en venant de Madrid et avant d'aller à Grenade et même à Cordoue, car on ne saurait trouver un contraste plus parfait que celui qui existe entre cette dernière ville et la capitale de l'Andalousie.

Il ne reste plus des anciennes portes de Séville que celle de *Triana* qui conduit au faubourg du même nom, de l'autre côté du Guadalquivir que l'on traverse sur un beau pont. Ce faubourg est habité par une nombreuse population ouvrière attachée à la fabrique de céramique, qui occupe l'emplacement d'une ancienne chartreuse, et aussi par toute une tribu de *gitanos*. C'était l'entrée principale de la ville ; c'est par la porte de *Triana* que passaient les rois lorsqu'ils visitaient l'Andalousie.

Nous retrouvons à Séville des rues étroites et tortueuses, où les maisons modernes, aux couleurs voyantes et aux balcons ornés de grands rideaux flottants, alternent avec les constructions anciennes, aux teintes sombres, à l'aspect mystérieux. Les unes et les autres présentent toutefois, à l'intérieur, la même disposition que les secondes tiennent de l'architecture arabe et que les premières ont cherché à imiter ; c'est le *Patio*, ou cour carrée, entouré de colonnes et séparé de la rue par un vestibule pavé de marbre et par des grilles de fer d'un goût exquis et d'un travail souvent merveilleux. La plupart des maisons ont aussi un portique sur la voie publique, *El Zaguan*, donnant accès au *Cancel*, c'est-à-dire à la porte de chêne incrustée de riches ornements de fer admirablement ciselés. En un mot ce sont les maisons mauresques dont on a vitré la galerie, et pour les fenêtres donnant sur la rue, les *mouchurabiehs* que vous connaissez, sont remplacés par des balcons vitrés, les *miradores* dont j'ai déjà parlé à Murcie si je ne me trompe. Toujours comme chez les Maures, une fontaine entretient la fraîcheur dans le *Patio* garni de plantes et de fleurs et qu'une grande toile carrée, *toldo*, tendue de bout à bout, protège contre les ardeurs du soleil d'Andalousie ; c'est là qu'on passe ses journées, toute l'année durant, et presque toute ses nuits, pendant l'été.

Les places sont généralement petites, plantées d'arbres : l'une d'elles, de construction récente, est carrée, bien belle, bien large, mais, un non-sens pour ce pays. Quelques palmiers *l'ombragent !!!* c'est vous dire qu'on n'y rencontre jamais personne.

Et penser que pour construire cette place on a détruit le magnifique couvent de Saint Dominique !

Séville reçoit de l'eau en assez grande quantité par un bel aqueduc nommé *los Cañones de Carmona* qui vient de Alcala de Guadaira. Des conduits souterrains amènent l'eau jusqu'à la Cruz de lo Campo, pendant 10 kilomètres et là commence une série de 410 arcs jusqu'au château d'eau de l'ancienne porte de Carmona.

Il y a beaucoup à voir à Séville. Nous sommes ici dans la patrie de Murillo dont la statue s'élève sur la place du Musée et partout, dans les églises comme dans les couvents, il y a des chefs-d'œuvre à admirer ; les plus belles toiles de Murillo, celles de son élève Zurbaran, de Alonso Cano, des Herrera, dont un fut chanoine de la cathédrale de Séville, de Montañes, de Pedro Campana, Roelas, Pachéco, Valdès, etc., etc.

Beaucoup de sculptures et de statues en bois peintes, spécialité particulière à Séville et à Malaga.

Je ne parlerai naturellement que de ce que nous avons vu de plus remarquable, n'ayant pas la prétention de jamais remplacer un guide du voyageur.

Commençons nos visites par un intéressant établissement hospitalier de Séville, la *Caridad*.

administré comme l'étaient jadis certains de nos hôpitaux — celui de Lyon par exemple — par une commission composée des personnages les plus marquants de la ville qui se font gloire de dépenser leur temps et leur argent pour les déshérités de la fortune. C'est l'un de ces administrateurs, l'honorable marquis de Santa-Cruz de Inguanzo qui nous a fait parcourir ce bel établissement. C'est l'asile des vieillards pauvres que l'on y reçoit et nourrit jusqu'à leur mort. Un membre de la commission est toujours de service et, à l'heure des repas, des messieurs de la ville viennent servir ces malheureux. Une coutume pieuse veut que l'on baise la main au plus vieux des pensionnaires de l'hospice, ce qui nous fîmes à la suite de notre aimable guide; le vieillard nous remercia et nous bénit; et de là nous allâmes prendre les assiettes remplies par des religieuses, pour les remettre aux pauvres infirmes, assis à côté de leur lit quand ils peuvent le quitter. Dans une salle voisine et après la cuisine, admirablement propre, nous visitons les *pèlerins*, c'est-à-dire les voyageurs pauvres que l'on héberge pendant trois jours, absolument comme à notre hospitalité de nuit.

La coutume de baiser la main du prince, surtout en usage en Espagne et en Portugal où, dans les grandes cérémonies, les grands sont admis à baiser la main du roi, est certainement venue des Maures de même que le titre d'alcade, que portent les magistrats municipaux, vient d'*alcaïde*, chez les anciens conquérants de l'Espagne ; ce nom était porté par le gouverneur d'une ville ou d'un château. Cette coutume s'est généralisée car, ici, on n'aborde pas un prêtre sans lui baiser la main et vous avez vu qu'à la *Caridad* on baisait également celle du pauvre parce qu'il représente aussi Notre-Seigneur sur la terre.

Dans l'Église, on admire d'abord, sur le maître-autel, un groupe représentant l'ensevelissement de Notre-Seigneur, composé de statues de grandeur naturelle faites avec une perfection telle que Murillo voulut les peindre ; c'est le seul travail de ce genre que l'on possède du grand artiste. De lui encore, mais de sa première manière, toute la vie de sainte Rose, suite de toiles de petite dimension. De lui toujours, deux immenses tableaux représentant l'un, Moïse faisant jaillir l'eau du rocher ; l'autre, le miracle de la multiplication des pains. La gravure a reproduit ces chefs-d'œuvre, mais la gravure, c'est un peu la photographie voulant donner l'idée d'un Rubens !

Encore de Murillo, un magnifique Saint-Jean-de-Dieu, avec des prespectives dans le noir et un point lumineux au fond de la toile où l'on distingue l'entrée de l'hospice. Ce chef-d'œuvre avait trois pendants. En 1810 ils furent transportés en France tous les quatre; puis à la paix, Napoléon en rendit deux au roi d'Espagne et en garda un qui figure encore au Louvre. Le roi d'Espagne en donna un au Musée de Madrid et rendit l'autre à la Caridad. Quant au quatrième, on suppose et on dit tout bas, ici, qu'il aurait été égaré dans les fameuses collections du maréchal Soult ! Personne n'ignore le goût qu'avait le général pour les beaux tableaux !!!

Dans cette même église on remarque aussi deux tableaux de Valdés représentant, l'un l'apothéose de la Croix et l'autre deux morts, étendus dans leur cercueil; le premier est un évêque revêtu de ses ornements pontificaux, l'autre un guerrier. La mort a presque achevé son œuvre de décomposition. Ce qu'il y a de bizarre dans l'histoire de ce tableau, c'est qu'il fut composé par Valdés, du vivant et sur l'ordre des deux morts qui voulurent avoir sous les yeux ce salutaire spectacle. C'est horrible !

J'allais oublier de citer ce que l'on appelle les *Enfants de Murillo* : un petit Notre-Seigneur, faisant pendant à un jeune saint Jean-Baptiste, sont des œuvres charmantes que nous avons regardées de nouveau pour oublier l'œuvre de Valdès.

Dans la sacristie on voit un grand paysage flamand qui est une véritable étude de lumière ! Encore un saint Pierre, de Murillo et un beau Christ de Valdès.

Après avoir parlé si longuement de la *Caridad* il convient que je termine par où j'aurais dû commencer, c'est-à-dire par l'histoire de sa fondation ou pour mieux de son fondateur, Don A. de Mañara, qui avait d'abord mené dans le monde une vie assez tourmentée. Ayant perdu sa femme et voulant réparer ses erreurs, il consacra toute sa fortune et se voua lui-même à l'œuvre que nous venons de visiter. Il ne lui restait rien et l'église était encore à construire. Sur ces entrefaites, mourut à Séville un pauvre aveugle qui lui céda, par testament, la moitié de sa fortune, laissant l'autre moitié à sa femme. La succession se composait de... cinq douros. C'est avec les vingt-cinq francs de l'aveugle et la grâce de Dieu aidant, que fut commencée l'Église. On espère que le fondateur sera canonisé un jour.

Allons visiter les promenades de Séville : je vous dispense de faire avec nous le tour de la ville, à l'une des extrémités de laquelle on trouve l'*Alameda de Hercules* absolument abandonnée aujourd'hui pour les allées qui longent le Guadalquivir et l'immense *Paseo* du Palais San Telmo. En face du Palais se trouve le *Salon de Cristina* où l'on peut s'asseoir sous de magnifiques ombrages et voir arriver et repartir les très nombreux équipages qui se rendent à la promenade de *las Delicias* à côté de laquelle, il faut bien le dire, l'*Alameda* de Valence ne ressemble plus qu'à un désert sillonné par quelques rares omnibus. Cette promenade est très animée.

Et puisque nous sommes à côté du *Palais San Telmo* entrons-y, avec la permission toutefois de l'Intendant qui délivre des cartes pour visiter cette résidence et son parc, d'une contenance de plus de 6 hectares, planté d'orangers d'un bon rapport, sans compter la partie réservée à la promenade, avec de beaux palmiers, des bambous partout et des arbres superbes. On y voit aussi quelques *Eucalyptus globulus* qui tendent à s'emparer de l'Espagne, même dans les parties qui ne sont pas malsaines. Près de Malaga surtout, comme à Murcie et déjà à Valence, ces sauvages Australiens montraient leurs grandes branches échevelées, avec ces lanières rouges qui pendent autour de leur corps blanc. Ce sont des enfants monstres, dans toute l'acception du terme et par-dessus le marché des enfants terribles puisqu'on n'a pas encore trouvé le moyen de les utiliser. Vous savez mieux que personne que je ne suis pas l'ennemi des *Eucalyptus*, mais je trouve qu'on en abuse un peu et que mieux vaudrait les laisser à leur rôle excellent de médecins sans rivaux pour les pays marécageux ; et si je pouvais cultiver chez moi ces fébrifuges sans rivaux, je ne voudrais pas les conserver au delà de dix ans. En vieillissant ils deviennent affreux !

Mais à propos de quoi cette sortie contre les *Eucalyptus?* Vous seriez bien embarrassé de le dire... et moi aussi. Entrons vite dans le Palais. C'est une demeure princière, ornée avec beaucoup de goût et qui renferme des peintures remarquables. Naturellement nous retrouvons ici des Murillo, le fameux Caton de Ribera s'ouvrant la poitrine, et le Moine de Zurbaran, si souvent reproduit parce que c'est un pur chef-d'œuvre de ce maître. Une suite de vingt-cinq tableaux brodés en soie, représente toutes les aventures de Don Quichotte. Quelque chose de très curieux encore c'est la double représentation de la fameuse procession de la Fête-Dieu avec les coutumes de jadis, si bizarres, et les personnages d'aujourd'hui. Ce serait à revenir à Séville pour assister à cette procession.

Parmi les monuments qui attirent surtout les étrangers à Séville, il faut compter en première ligne l'*Alcazar* qui fut la forteresse et le palais des rois maures, que saint Ferdinand occupa après la conquête et que Don Pedro le Cruel agrandit en le défigurant. Il est difficile de rencontrer un exemple du style de transition plus complet que celui de l'Alcazar. A Cordoue, la civilisation qui succomba avec le dernier Calife, était dans sa période ascendante tandis que dans l'Alcazar de Jacub-Yusuf on voit disparaître le génie d'un peuple héroïque. Après saint Ferdinand et Don Pedro, Don Juan II restaura le palais, les Rois Catholique y firent des chapelles et des appartements, Charles-Quint, Philippe III et Philippe V voulurent l'embellir à leur façon et pendant six siècles, ce malheureux palais subit des transformations qui le laissèrent dans l'état où nous le trouvons aujourd'hui, c'est à-dire dépourvu de tout ce qui constitue le caractère de l'architecture arabe. On a bien raison de dire qu'il y a un accord indéfinissable entre le caractère des hommes et le style de leurs monuments et aussi, que l'architecture est la physionomie des peuples!

La partie supérieure du palais sert de résidence à la reine Isabelle, ne l'ai-je point déjà dit? Tout est aménagé pour les nécessités de la vie moderne; la façade de l'entrée principale offre à l'œil ce singulier spectacle d'une porte carrée, comme celles des temples égyptiens, qui a dû être refaite sous Don Pedro Ier et qui jure avec les fenêtres en ogive recourbée des Arabes et les ogives purement gothiques. C'est en 1171, 567ᵉ année de l'hégire, que le sultan Ebn-Macub-Yusuf commença la construction de l'Alcazar dont on peut dire qu'il ne reste plus aujourd'hui, que le *Patio de las Doncellas*, celui de las *Munecas*, la salle des Ambassadeurs et les pièces les plus rapprochées : je ne parlerai donc que de celles que je viens d'énumérer.

Le *Patio de las Doncellas* est un carré circonscrit entre cinquante-deux colonnes de marbre blanc qui soutiennent une galerie inférieure dont les arcs, par un caprice d'architecture, ne correspondent pas à ceux du dessous. Ce *patio* donne accès au Salon des Ambassadeurs et au Salon de Charles-Quint.

Le Salon des Ambassadeurs est formé par quatre arcs de grandes dimensions, garnis de claires-voies, et soutenant une galerie de plus de quarante arceaux, entrecoupée par quatre balcons en relief et ornée des portraits de rois et de reines que Philippe II y fit placer.

C'est ici qu'on vient admirer tout ce que, dans sa richesse et son exhubérance, l'art mauresque a a pu imaginer de merveilles d'ornementation, et surtout cette ravissante coupole connue du monde entier sous le nom *la Media Naranja*, la Moitié de l'Orange, dont la voûssure est peinte des plus vives couleurs.

Vis-à-vis la porte d'entrée du *Patio de las Doncellas*, jeunes filles ou servantes, se trouve celle du *Patio de las Munecas*, des poupées, où tout est plus petit, plus délicat et, si faire se peut, encore plus enluminé. Ce *patio* donne accès aux jardins où l'on arrive par *El Apeadero*, le pied-à-terre en langage ordinaire, la halte comme on dit sur les lignes de chemins de fer ; les allées de ces jardins, pavées de délicieuses briques vernissées, *azulejos*, sont percées de trous munis de petits robinets qui déversent à volonté une pluie fine très favorable à la végétation et maintenant toujours la plus douce fraîcheur. C'est dans ces jardins que se trouvent les constructions mauresques couvertes d'ombre et de mystère que l'on désigne sous le nom de Bain des Sultanes, devenu plus tard le Bain de la célèbre favorite du roi Don Pedro le Cruel, Maria Padilla, dont vous savez l'histoire.

L'Alcazar, dans son ensemble, est donc un monument arabe par la forme et l'ornementation ; espagnol par les arrangements divers qui y ont été introduits, mais il force l'admiration du voyageur qui serait bien blasé s'il ne la ressentait pas.

Voyez et revoyez l'Alcazar de Séville ; mais je vous le répète encore, voyez-le avant l'Alhambra de Grenade pour que votre admiration aille toujours en grandissant.

Nous allons au Musée; ne vous effrayez pas trop, je ne suis pas un artiste et je ne vous dirai que quelques mots des chefs-d'œuvre qu'il renferme. Le Musée de Séville est un modèle du genre pour moi. Il n'a que peu de tableaux, tous sont des chefs-d'œuvres et sur 140 toiles, 24 sont de Murillo,

20 de Zurbaran, 10 de Herrera le Vieux, 10 de Juan de Valdès Leal, 2 de Juan de las Roelas. On prétend que Murillo considérait son tableau de *Saint Thomas de Villeneuve* donnant l'aumône aux pauvres, comme son chef-d'œuvre : je veux bien le croire, mais si on vous laissait le choix d'un ou plusieurs tableaux de cette *Tribune* de Séville, je suis sûr que vous prendriez ou *Saint Joseph* tenant l'enfant Jésus dans ses bras, ou *Saint Antoine*, dans la même position, ou *Saint Pierre Nolasque* à genoux devant Notre-Dame de la Merci, ou la *Naissance de Notre-Seigneur Jésus-Christ*, ou la vision de *Saint François* embrassant Notre-Seigneur sur la croix, ou *Saint Félix de Cantalice*, ou *Saint Antoine de Padoue*, ou bien encore, pour finir, les *Saintes Juste et Rufine*, patronnes de Séville, soutenant la Giralda. Mais on ne vous donnera pas le choix.

Au lieu de vous envoyer une sorte de catalogue dénué de tout intérêt, l'idée me vient de vous tracer une biographie en miniature, c'est-à-dire aussi brève que possible, de quelques-uns de ces peintres célèbres, dont nous admirons les œuvres, trop souvent sans savoir d'où ils sortent et à quelle époque ils se sont illustrés.

Je commence naturellement par Bartolomé Estéban Murillo, né à Séville et qui fut baptisé dans la paroisse de la Madeleine le 1er janvier 1618. Élève de Juan del Castillo et très pauvre, il commença par faire des tableaux de peu de prix, pour l'Amérique. Il arriva en 1643 à Madrid et il y étudia sous la direction du célèbre Vélasquez, son compatriote. Deux ans après il revenait à Séville où son talent lui obtint l'admiration de tous et le plaça en peu de temps à la tête des peintres de sa ville natale. Murillo était d'un caractère tendre, aimable, mais d'une grande rigidité de mœurs. Il eut beaucoup d'élèves mais aucun imitateur. Il a peint plus de 160 tableaux dont l'Espagne possède la plus grande partie. Je vous ai dit sa chute au couvent de Santa-Catalina, à Cadix ; il en mourut ici le 3 avril 1682 et fut enterré dans la paroisse de Santa-Cruz.

Francisco de Zurbaran était né le 7 novembre 1598 à Fuente de Cantos, en Estramadure ; il fut l'élève de Juan de Roelas et devint en peu de temps, un des meilleurs peintres de son époque. Il fut le peintre du roi Philippe IV et mourut à Madrid en 1662.

Francisco de Herrera, *le Vieux*, naquit à Séville

vers l'an 1576 et mourut à Madrid en 1656.

Je ne vous cite Francisco Pacheco, né à Séville en 1571 et mort dans cette ville en 1654. que parce qu'il fut le maître du célèbre Velasquez.

Quant à Juan Valdes Leal, dont vous avons vu l'œuvre principale dans l'église de la Caridad, il était né à Cordoue en 1630 et fut l'élève d'Antonio del Castillo. Il croyait que mieux valait peindre beaucoup que bien peindre ; il aurait dû naître de nos jours ! Il avait une grande facilité et beaucoup d'imagination et devint un des premiers peintres de l'Ecole de Séville, où il mourut le 14 octobre 1691.

Alonso Cano, dont nous avons admiré les œuvres à Grenade, sa patrie, y était né le 19 mars 1601. Son père lui enseigna l'architecture ; il étudia la sculpture sous le célèbre Montañès et la peinture avec Pacheco et Juan del Castillo. Il mourut dans sa ville natale le 5 octobre 1667.

Le licencié Juan de las Roelas, qui fut le maître de Zurbaran, était né à Séville vers 1558 ou 1560. Il étudia la peinture en Italie et en rapporta beaucoup de correction dans le dessin ainsi qu'un coloris brillant. Il mourut à Olivarès le 23 avril 1625. Ses œuvres principales sont le *Saint André* du Musée, de Séville ; le *Santiago* que nous verrons dans la cathédrale; *Sainte Lucie*, dans la paroisse de ce nom et le *Saint Isidore*, qui est considéré comme son chef-d'œuvre, dans l'église qui est sous le vocable de ce saint.

J'ai pu me procurer ces notices, je les consigne ici, personne n'est obligé de les lire, pas même vous, mais il peut être bon de les avoir sous la main. *Inde!*

J'allais oublier de parler de la *Torre de Oro*, située sur la rive du Guadalquivir, en face du salon de *Cristina*. C'est un très ancien monument octogone, attribué aux Arabes, et que le roi de Castille, don Pedro le Cruel, avait choisi comme dépôt de ses trésors : les bureaux du capitaine de port de Séville y sont installés. On prétend aussi que son nom lui vient de l'or que l'on rapportait d'Amérique et que l'on y déposait. Ce n'est pas une construction romaine, car *Italica*, ancien municipe romain, patrie du poète *Silius Italicus*, des empereurs Trajan, Adrien et Théodose était située à 5 kilomètres de Séville, sur la route de Badajoz. Il n'en reste plus qu'un cirque; et toutes les colonnes antiques qui abondent ici, viennent évidemment de ces ruines. La *Torre de*

Oro est donc d'origine arabe et se reliait autrefois à l'Alcazar par des murailles que l'on a démolies. Elle supportait, au temps des Maures, une des extrémités de la chaine de fer qui barrait le fleuve et dont l'autre bout allait s'attacher sur la rive droite du Guadalquavir, à des contreforts en maçonnerie. Elle fut édifiée sous le règne de Yusuf-Almotacid-Ben-Annasir, pour un gouverneur nommé Abulala et elle porta le nom de *Borjd-Adahab*.

Avant d'entrer dans la Cathédrale il convient de s'arrêter devant la fameuse *Giralda*, la merveille de la Ville-Merveille.

C'est le minaret de l'ancienne mosquée de Abu-Yusuf-Jacub sur l'emplacement de laquelle s'élève aujourd'hui la cathédrale et dont le *Patio de los Naranjos*, qui existe encore, a conservé tout le caractère primitif; il est au pied du minaret, comme à Cordoue, et entre ce monument et la mosquée. Elle fut terminée par Yacub-Almanzor en l'an 593 de l'hégire (qui commence le 23 novembre 1196). La *Giralda* est le monument le plus caractéristique de la domination des fils d'Agar et un chef-d'œuvre de l'art arabe. Elle est construite toute en briques : on y monte facilement par une rampe, plus douce encore que celle du campanile de Saint-Marc à Venise, et qui donnerait passage à une petite voiture attelée d'un poney. Les vingt-huit paliers dont elle est formée conduisent, comme à Murcie, jusqu'à la plate-forme, à soixante-sept mètres de hauteur et la tour, qui devient plus étroite à mesure qu'elle s'élève, domine encore d'une centaine de pieds cette plate-forme d'où la vue est déjà admirable sur la ville et la campagne que baigne le Guadalquivir. Une statue colossale de la Foi, tenant en main le *Labarum*, couronne ce magnifique monument : la Foi est au-dessus de tout.

Une vieille muraille percée de créneaux, lui sert de ceinture au nord, et encadre la porte de *El Perdon*, le Pardon, l'un des plus beaux restes de l'art arabe dans le sud de l'Espagne qui subit si long-temps le joug des infidèles.

Un texte arabe sur la fondation, la beauté et l'antiquité de ce monument, traduit par Thornborg et cité par Contreras, le très compétent restaurateur de l'Alhambra, dans son *Etude descriptive des monuments arabes de Grenade, Séville et Cordoue*, appelle Abu-Ehl-Alokaïri, inspecteur de l'œuvre et dit que ce fut lui qui l'éleva jusqu'au sommet primitif et qu'Almanzor lui confia ensuite la construction de la forteresse de Gibralfarache. Dans son *Tra los Montes*, Théophile Gautier n'est pas du même avis; il place bien la construction du *Campanile*, ancien minaret, vers la même époque, puisqu'il dit que ce fut vers l'an 1000, mais il appelle son architecte *Geber*, que les Arabes nomment Jaber, et prétend que c'est lui qui a inventé l'Algèbre, science qui porterait alors le nom de son inventeur, Al-Geber. Et cependant le mot Algèbre semble plutôt dériver du mot arabe *Al-Jebra*, qui signifie concentration.

L'église de forme quadrilatérale, mesure d'après Contreras, 129 mètres de long sur 83 de large. Elle fut élevée par le Chapitre qui résuma, dit-on, son plan dans cette phrase: « Elevons un monument qui fasse croire à la postérité que nous étions fous. »

C'est en vain que l'on a recherché le nom de l'architecte: depuis Pero Garcia jusqu'à Hontanon, beaucoup de maîtres inscrivirent dans ce grand monument les changements du temps où il fut élevé. Il est du commencement du xve siècle et appartient au gothique de la décadence. L'église a neuf portes; l'une d'elle porte le nom de *San Cristobal* parce que, auprès d'elle, est peinte à la fresque l'image colossale de saint Christophe que l'on retrouve aussi souvent en Espagne qu'en Suisse. Une autre porte, *la Puerta del Lagarto*, sous laquelle est suspendu un énorme crocodile envoyé, dit-on, à Alphonse le Sage par le sultan d'Égypte qui demandait la main de la fille du roi et que celui-ci refusa au Musulman qui plaçait sa requête sous un aussi redoutable emblème ; la *Puerta de los Naranjos* qui donne dans le *Patio* et plus bas, celle qui communique avec le *Sagrario*. Des colonnes de plus de 30 mètres de haut, et au nombre des 36, je les ai comptées, partagent en cinq nefs ce grandiose vaisseau. Il n'y a pas en Espagne d'église qui présente d'aussi importantes proportions. Ici tout est énorme : un chandelier destiné à porter le cierge pascal et modelé d'après celui du temple de Jérusalem, m'a paru aussi haut que la colonne Trajane à Rome, sur le Forum de cet empereur romain né en Espagne ; et on m'a assuré que le cierge pascal, représentant à s'y méprendre la tige colossale que produit en mourant l'*Agave* mexicain, ne pèse pas moins de 1.000 kilos. La *Capilla Mayor*, avec son rétable gothique en bois de mélèze, est un chef-d'œuvre de délicatesse et de fini qui remonte cependant aux premières années du XVe siècle déjà si loin de nous.

Il est absolument impossible de faire une description des richesses artistiques de tout genre, renfermées dans cette église et d'en donner même l'idée : il faudrait des volumes et j'y renonce, cela va sans dire. Je ne parlerai pas plus des vitraux, dont un surtout est admirable, que des peintures de Murillo et de tant d'autres maîtres de l'école sévillane, ni de l'inévitable *Coro* qui est au milieu de cette grande nef. La *Silleria* faite de boiseries, inestimables, comprend 127 stalles de style gothique et un magnifique lutrin soutenant d'immenses livres de chants, parchemins manuscrits, admirablement enluminés et que l'on voudrait voir enfermés plutôt que laissés entre les mains de petits enfants de chœur qui les font tourner avec une baguette. Le *Trascoro*, cette partie extérieure du chœur qui fait face à la porte d'entrée est orné d'un riche fronton dorique et de marbres précieux qui proviennent de l'ancienne cathédrale. A quelques pas en avant on remarque une pierre tombale avec cette inscription, unique dans l'histoire des mausolées et des épitaphes :

> A Castilla y á León
> Mundo nuevo dió Colón.

C'est là que repose Fernand Colomb, fils de l'immortel Christophe, qui légua à la cathédrale de Séville une partie de ses biens et sa bibliothèque. Cette simple inscription est toute la revanche de la vérité sur les injustices de l'histoire!

Les ducs de Veraguas sont les descendants directs de Christophe Colomb. Le duc actuel se nomme Cristobal Colon, duc de Veraguas : il siège au Sénat dans les rangs du parti libéral. On compte autour de l'église, 37 chapelles, renfermant toutes des richesses artistiques qui défient la description. C'est dans celle du *Baptistère* que se trouve le fameux *Saint Antoine de Padoue* de Murillo dont Théophile Gautier, un bon juge en pareille matière, a dit que « jamais la magie de la peinture n'a été poussée plus loin ». La chapelle de *San Pedro* a neuf toiles excellentes de Zurbaran ; et celle de *Santiago*, le fameux tableau de Roelas représentant saint Jacques combattant les Maures à la bataille de Clavijo... mais j'ai dit que je ne voulais pas décrire.

La *Chapelle Royale* renferme les tombeaux du roi Alphonse X, le Sage, et de la reine Doña Béatrix, femme de saint Ferdinand. Devant l'autel est placé, dans une châsse en argent, le corps du roi

10

saint Ferdinand qui repose dans un cercueil de cristal, vêtu de son costume de guerre, dans un état de conservation parfaite; le public est admis à le contempler à certains jours de l'année. Dans une crypte sont réunies les cendres de plusieurs princes, enfermées dans de petits cercueils recouverts en velours. On y voit, non sans surprise, celui de Maria Padilla. Il faut remarquer aussi, dans cette chapelle, le drapeau de la conquête et l'épée de saint Ferdinand.

Dans la grande sacristie, encore deux Murillo, *Saint Isidore* et *Saint Léandre*; puis le *Trésor*, d'une richesse inestimable: un tabernacle construit par Juan Arfé en 1587, de 3m 25 de haut, en forme de temple circulaire à quatre étages et que 24 hommes suffisent à peine à porter dans les processions. Le *Tenebrario*, chandelier de près de 7 mètres de haut que l'on allume pendant les cérémonies de la semaine sainte, et qui n'a peut-être pas son pareil en Espagne. Je ne parle pas de l'ostensoir gigantesque qui se place au-dessus de la *Custodia*, d'une croix enrichie de pierres précieuses, d'un encensoir en or avec sa navette, etc., etc. Le reliquaire est posé sur l'autel. On y vénère entre autres objets précieux, une épine de la couronne de Notre-Seigneur.

On y voit aussi les clés présentées au roi saint Ferdinand lorsqu'il entra en vainqueur à Séville. La *Sala Capitular* est en damas et or : les ornements sont superbes et mériteraient eux aussi une longue description. Le *Sagrario*, quoique dépendant de la cathédrale, est desservie par des prêtres spécialement chargés des cérémonies qui s'y célèbrent les archevêques de Séville sont inhumés dans des caveaux, au-dessous de cette chapelle.

Impossible d'énumérer, même sommairement, toutes les autres églises qui méritent une visite particulière, dans cette ville où il faudrait passer des mois et qui est l'une de celles où l'on désire faire un long séjour.

Il y aurait également à citer beaucoup de maisons particulières qui sont de remarquables édifices; mais je me bornerai à parler de la *Casa de Pilatos* qui reproduit exactement, dit-on, le Palais de Pilate à Jérusalem. Je me demande où on en a pris les plans ! C'est surtout dans le Prétoire que Pilate s'est immortalisé... à sa façon.

Ce palais est situé auprès de la *Puerta de Carmona*; il fut construit vers l'an 1533 par Don Fadrique Enriquez de Ribera, au retour d'un voyage à Jérusalem qu'a chanté dans ses vers son compagnon de pèlerinage, le poète don Juan de la Encina. Une belle porte de marbre donne accès à un *Patio* entouré de colonnes et de galeries à arcades où le marbre, le stuc, les faïences et les arabesques rivalisent d'élégance, de richesse et d'éclat. Les statues de Cérès, de Pallas, de Diane, de Junon et d'autres déesses, ornent la fontaine qui déverse ses eaux dans une grande vasque et vingt-quatre bustes de personnages romains, retrouvés à *Italica*, forment sur les parvis, une rangée empreinte d'un caractère de très haute antiquité. Au milieu du *patio*, une croix de grande dimension, au pied de laquelle, pendant la la semaine sainte, se groupent les processions qui vont de là à la *Cruz del Campo* pour y faire les stations du Chemin de croix. Puis, tout au fond de cette cour à ciel ouvert, une chapelle où l'on voit une colonne de marbre de même configuration et de même hauteur que celle de la Flagellation : derrière une grille, un coq ; et ensuite la reproduction du corps de garde dans lequel saint Pierre renia Notre-Seigneur ; du prétoire de Pilate et même du balcon où cet opportuniste des temps passés crut se justifier au yeux de la postérité en se lavant publiquement les mains.

Partout les armes des marquis de Tarifa, famille fondue dans la grande maison de Medinaceli, à l'une des branches de laquelle appartient cette belle et ancienne demeure.

Il faut visiter encore les *Archives des Indes*, dans la *Casa Lonja*, à côté de la Cathédrale, pour y voir tous les importants dossiers qui concernent la conquête admirable. Toute l'histoire de la découverte de l'Amérique est là. Le monument est en pierre, voûté en pierre, et défie à peu près l'incendie. Au-dessous des portraits de ces grands capitaines que l'on nomme Christophe Colomb, Fernand Cortez, Pizzare, et tant d'autres, sont encadrés, sous verre, des autographes intéressants. Il y a bien encore la *Colombina*, bibliothèque qui appartient au chapitre de la Cathédrale. Fernand Colomb lui donna tous ses papiers particuliers et ses livres qui furent ajoutés à la bibliothèque en question, laquelle prit alors et par reconnaissance, le nom qu'elle porte encore aujourd'hui.

Traversez, si vous ne craignez pas trop l'odeur du tabac mouillé, la *Fábrica de Tabacos*, immense édifice, construit sous Charles III, et vous y trouverez une population grouillante de 4.000 femmes, jeunes filles ou enfants, qui y manipule, année moyenne, 1.500.000 kilos de tabac pour faire des cigares, sans compter un nombre incalculable de cigarettes. Il y a des enfants dans leur berceau que leurs mères allaitent, d'autres qui essayent auprès d'elles leurs premiers pas. Tout ce monde va, vient, crie, se dispute, demande quelque chose, vous regarde bien en face et, en somme travaille à ses pièces, comme l'on dit vulgairement. Il n'y a pas de journées payées ; on s'en va quand on veut, et la nuit venue, les ouvrières qui ont apporté de la lumière peuvent encore rester. Tout ceci en vertu d'un nouveau règlement qui convient peu, on le comprend, aux surveillantes obligées de rester parfois fort tard dans des ateliers presque déserts et qui ont la mission très difficile de fouiller, à sa sortie, tout ce monde enjuponné, roulé dans son châle et qui a des recettes impossibles pour faire la contrebande. A propos de la Manufacture des tabacs, on peut dire que ses produits ne sont pas très bons et qu'ils se vendent relativement très cher. Les cigares de 40 centimes ne sont pas merveilleux et on enfume couramment du prix de 50 centimes jusqu'à 1 franc. Il faut placer ici une remarque qui m'a été faite par un maître d'hôtel de premier rang. Le luxe des Espagnols se montre surtout dans le fumer ; pour la plupart, le manger n'est rien ou peu de chose ; une servante fait le chocolat, cuisine un plat ou deux et tout est dit ; mais l'hidalgo qui se contente de si peu, à table, a toujours un excellent cigare à vous offrir et en fume rarement de mauvais. Dans les quelques maisons où l'on reçoit et où l'on invite, il y a au contraire un grand luxe de cuisine et surtout de vins de France ; on ne vous en laisse pas goûter d'autres et ceux que j'ai bu dans ce pays sont vraiment parfaits, c'est une justice que je dois leur rendre. Mes amphitryons, s'ils sont jamais mes lecteurs, se reconnaîtront dans ce souvenir gastronomique que le hasard me fait insérer après la visite à la Manufacture de tabacs de Séville.

Ce qu'il ne faut pas oublier de voir encore, c'est un buste de Pierre le Cruel placé dans une niche et dont voici l'histoire en deux mots : dans un rendez-vous qu'il avait donné, le prince trouva un homme justement offensé qui lui barra résolument le chemin ; il tua cet homme. Le lendemain le *Corrégidor* de Séville qui portait alors le titre de *Asistente* se présentait au rapport et le roi lui demanda s'il connaissait l'auteur du meurtre qui avait été commis la nuit précédente. Sur la réponse négative du *Corrégidor*, le prince lui dit qu'il voulait voir la tête de l'assassin placée à l'endroit où le crime avait été commis, ou qu'il y ferait placer celle de *l'Asistente* lui-même. A quelques jours de là, Pierre le Cruel découvrit, niché dans le mur, son buste couronné et entouré de tous les attributs de la royauté. Cette légende est de l'histoire, paraît-il !

Les Carmélites de Séville possèdent le manteau de laine blanche de sainte Thérèse, leur fondatrice, qui était née à Avila où l'on voit encore sa maison. Par un privilège insigne on le met sur les épaules des personnes pieuses qui peuvent l'y conserver pendant quelques minutes. On peut voir également, dans ce même monastère, un autographe de la sainte, signé Térésa de Jésus et un autre de son confesseur, le vénérable Père de la Cruz.

J'ai commencé Séville par la Caridad, je termine par le Carmel. Séville n'est-elle pas, en Espagne, la ville par excellence de *Maria Santisima ?*

Pour aller à Madrid nous prenons la route de Cordoue en traversant d'abord les champs où fut *Italica*, puis des plaines fort riches, et avant d'arriver à *Lora del Rio*, une autre grande plaine où se tenait jadis la célèbre foire de Mairena. Sur la montagne de *Setefilla* apparaît un sanctuaire dédié à la sainte Vierge et célèbre dans tout le pays. *Palma* est au milieu d'une forêt d'orangers dont les fruits rivalisent, dit-on, avec ceux de Palma de Majorque. A Hornachuelos, avec son vieux château en ruine, le paysage change d'aspect, il devient sombre et sévère. Nous voici à *Almodovar*, avec un autre vieux château, fortifié par don Pedro, que nous avions vu déjà en allant de Cordoue à Grenade.

De la première de ces deux villes nous refaisons la même route jusqu'à Alcazar de San Juan d'où nous continuons pour Madrid par *Quéro*, entouré de lacs salés comme *Villacanas* où l'on arrive après avoir traversé d'immenses plaines sans cultures. *Yépés* renommé pour ses vins blancs et *Castillejos*, embranchement de Tolède.

Nous voici à *Aranjuez*, un nid de verdure au milieu d'un pays nu, désolé, sans un arbre, sans une fleur.

Grossi des eaux du Garama, le Tage prend ici des proportions de fleuve et fertilise cette oasis perdue dans les plaines arides et jaunâtres de la Nouvelle-Castille.

Rendez-vous de chasse de Charles-Quint quand

ce monarque pouvait, entre deux guerres, se donner ce plaisir, le domaine royal d'Aranjuez, sous le règne de Philippe II. devint un Palais qu'un incendie réduisit en cendres et que Philippe V fit reconstruire sur des plans venus de France, qui rappelaient à la fois l'aspect rouge et blanc de la place Royale à Paris et l'architecture du château de Fontainebleau.

Il y a peu de choses à dire de cette résidence au point de vue du palais lui-même, retouché successivement sous Charles III, Charles IV, Ferdinand VII et Doña Isabelle : on y remarque toutefois de belles fresques, quelques tableaux et le cabinet chinois de Charles III, orné de laques japonaises du plus grand prix. Le reste ne vaut pas la peine d'être mentionné. Mais ce qui est admirable, ce sont les jardins, c'est le parc immense que le Tage traverse d'un bout à l'autre : les jardins dont les légumes et les fruits, les asperges et les fraises surtout, surpassent en beauté et en saveur les meilleurs produits horticoles de toute l'Espagne ; le parc avec ses lacs et ses cascades, complanté de chênes et d'ormeaux gigantesques sous lesquels tous les rossignols de la Péninsule Ibérique se réunissent au printemps. Il n'y a pas au monde, d'orchestre qui puisse être comparé à celui-là; il n'y a pas de concert qui puisse égaler les harmonies que des millions et des millions de chanteurs ailés, formés à l'école de Dieu, font entendre là, à la lueur des étoiles, pendant les nuits de mai.

On visite avec intérêt la *Casa del Labrador*, un caprice de Charles IV, cottage à l'extérieur, palais à l'intérieur; et on ne se lasse pas de contempler le panorama immense qui se déroule aux regards, des fenêtres du Palais, et qui embrasse la Nouvelle-Castille depuis les monts de Tolède jusqu'au Guadarrama et les plaines de la Manche et du bas Aragon, entre la Sierra del Alcaraz et les monts Universales: ici la vue de l'homme a des limites, l'horizon n'en a pas.

Grâce au Tage on voit ici de fort belles prairies, ce qui est rare en Espagne, et on arrive à *Ciem-pozuelos*. A *Pinto*, vieille tour, dernier vestige du château dans lequel Philippe II fit enfermer la princesse d'Eboli.

Nous traversons enfin le Manzanarès, dont on a trop plaisanté et dont les saignées pratiquées sur son cours, en amont de Madrid, enlèvent toute l'eau pour arroser les champs. Alexandre Dumas, dit-on. ou mieux, dit-il, remplit un verre d'eau et vint le verser dans le lit desséché de ce pauvre fleuve qui n'est cependant pas le seul à n'avoir pas d'eau lorsque les neiges sont fondues dans la montagne. Enfin nous débarquons à Madrid, gare d'Atocha, 614 mètres d'altitude, alors que Madrid, *Puerta del Sol*, est à 673ᵐ. Ici le manteau est de rigueur.

On dit que l'air n'éteint pas un flambeau mais qu'il tue sûrement un homme: prenons nos précautions.

CHAPITRE VI

Madrid. — L'Armeria. — Le Musée royal. — Tolède. — Les juifs de Tolède. — La cathédrale. — L'Escorial. — Le Prado. — La Granja.

Les Andalous, un peu portés à l'exagération, disent que le trône de leur roi est le premier après celui de Dieu parce que Madrid est la capitale la plus élevée de l'Europe, pour ne pas dire la ville, car Saint-Gall, en Suisse, qui a cette prétention, le gros mot de capitale mis à part, n'est qu'à 660 mètres.

En été il y fait très chaud, mais en hiver !... Oh ! en hiver, prenez votre pelisse et gardez-la, surtout en entrant dans le Musée royal. Madrid est sain ; on prétend qu'en Arabe ce mot signifie : « maison du bon air ; » mais cet air est subtil et il vous tue, sans crier gare, sans que vous l'ayez même ressenti : aussi gardez-vous des passages du soleil à l'ombre, même en plein midi, surtout en plein midi.

M. de Laborde, dans son excellent *Itinéraire*

d'Espagne, trop peu consulté de nos jours, dit, à ce sujet, que : « ici l'élévation produit sur « la végétation l'effet que détermine la hauteur « en latitude aux environs de Paris. C'est par « la même raison que l'ananas par exemple, « n'a jamais pu mûrir à Madrid, quelque soin « que l'on ait pris de le tenir en serre chaude. Ce « n'était pas la température très ardente pendant « neuf mois de l'année, qui lui était principalement « contraire, mais l'élévation du sol, car l'ananas « est un végétal des marais peu éloignés de la « mer ; ce fruit mûrit fréquemment à Valence ainsi « qu'à Malaga » (1).

Madrid n'a pas d'histoire, aussi chacun lui en fait une au gré de ses caprices. Comme Tolède, elle ne prétend pas à une existence antédiluvienne, mais quelques-uns parlent de Cadmus, d'autres y font s'arrêter Nabuchodonosor lors de son voyage en Ibérie ; la vérité probable est que Madrid existait vers le xe siècle de notre ère, mais il est certain qu'elle ne devint la capitale de toutes les Espagnes que sous Philippe II.

Ne parlons pas de ses hôtelleries, j'en laisse la

1. Tome I, p. 40.

responsabilité aux *Guides du voyageur*, et il en est de bons, malheureusement on ne peut en dire autant des diverses *fondas*, *posadas* et autres *gargottas* qui portent ici comme ailleurs du reste, le nom d'hôtels.

On débute invariablement par la *Puerta del Sol*, place ainsi nommée parce que c'est un carrefour allongé où aboutissent les principales rues du Madrid moderne. Il y a des hôtels, des cafés, des tramways, quelques magasins, beaucoup de monde, mais pas l'ombre d'une porte ! Allez visiter plutôt la Plaza Mayor reconstruite sous Philippe III et qui rappelle un peu la place Royale, au Marais; ou la place d'Oriente près du Palais Royal; mais après les Jardins du Palais et le *Buen Retiro*, ce qu'il faut voir, à Madrid, ce sont ses promenades vraiment fort belles : le *Prado*, les *Recoletos*, la *Castellana* ne seraient déplacés dans aucune grande capitale. Il faut parcourir ces immenses boulevards, plantés d'une quadruple rangée d'arbres, encombrés par une foule pacifique et polie. Pendant la promenade des jours gras on peut dire que tout Madrid est dehors; les déguisements circulent dans l'allée du milieu avec les voitures; le commun du public reste sur les trottoirs. Tout le monde s'aborde et se parle à

l'ombre du masque ; on monte sur les marche-
pieds des voitures, sur le siège s'il y a place, dans
la capote si elle est renversée. Le premier *mozo de
cordel* ou le dernier des *arrieros* peut y converser
librement avec une Infante qui passe dans son
équipage, et jamais un propos inconvenant, une
parole grossière dans la bouche de ces hidalgos
déchus.

Il y a encore *las Delicias* et la *Puerta d'Alcala*,
une vraie et superbe porte celle-là, où il faut
aller se promener le samedi pour voir défiler la
Cour dans ses voitures de gala. Elle se rend à
Notre-Dame d'Atocha, en traversant les jardins du
Retiro, pour y vénérer l'image de la Vierge apportée en Espagne par saint Pierre, dit la légende.
C'est dans cette église que se célèbrent les mariages
de la famille royale et que les troupes prêtent serment de fidélité. On se demande seulement de
quelle fidélité il peut bien être question dans la patrie des *pronunciamientos* alors que l'église d'Atocha renferme le tombeau du général Prim, par
exemple, ce patron et ce modèle de la fidélité !

Et puisque nous en sommes aux églises, continuons notre visite, en observant qu'aucune, à Madrid, n'a rang de cathédrale et que c'est l'archevê-

que de Tolède qui préside à toutes les grandes cérémonies de l'Etat ; c'est lui par exemple, qui fait les mariages royaux. Il faut voir cependant *San Isidro el Réal*, véritable musée de peinture, dédié au patron de Madrid : le saint laboureur est en grande vénération dans toute l'Espagne et surtout dans les Castilles.

Il faut voir encore la *Capilla del Obispo* qui date du temps des Rois Catholiques, sous le règne desquels Madrid n'était pas encore capitale, et l'église dela *Encarnacion* ; mais il faut réserver pour la fin *San Francisco el Grande* qui va être livrée au culte très prochainement. L'humble ermitage bâti par ce saint au xiiie siècle, existait sur l'emplacement de l'église actuelle, superbe rotonde qu'un décret des Cortès a affecté, sans lui enlever son caractère religieux, à la sépulture des grands hommes. Il convient d'ajouter que cette église appartenait à l'ordre de Saint-Jean de Jérusalem, qu'on l'a confisquée avec tous les biens de l'ordre et qu'avec les dits biens on a restauré magnifiquement l'église. Ceci rappelle le fameux dicton : *Du bien d'autrui, large courroie !* L'église était loin d'être terminée lorsque l'on y fit les funérailles royales du jeune Alphonse XII. Partout, dans la décoration extérieure, on retrouve la croix du saint Sépulcre ; les marbres de l'intérieur sont fort beaux, les statues merveilleuses et les fresques de vrais chefs-d'œuvre : il faut remarquer surtout la chapelle de Santiago et le tableau représentant le saint sorti du tombeau pour achever la déroute des Maures à la célèbre bataille de Clavijo. Peu d'églises, modernes s'entend, sont plus belles et celle-ci, aux formes près, rappellerait un peu l'*Annunziata* de Gênes.

Les palais particuliers sont nombreux, à Madrid et je ne veux pas les énumérer ici, me bornant à citer ceux des ducs de Medinaceli et de Villahermosa qui se font face dans le bas de la *carrera San Jéronimo* comme aussi celui du marquis de Monistrol, *calle de la Luna*, un véritable musée où l'on reçoit la plus amicale hospitalité.

Impossible, par exemple, de ne pas parler du Palais Royal, le plus beau de l'Europe depuis et peut-être même avant que les Tuileries aient été brûlées par la Commune et rasées par le stupide Gouvernement républicain.

Sa construction date du règne de Philippe V, époque à laquelle l'ancien Palais des rois de la maison d'Autriche fut détruit par un incendie tout à fait accidentel.

C'est un vaste quadrilatère d'environ 140 mètres de côté et de plus de 30 mètres d'élévation, dominant à de grandes hauteurs et complètement à pic, les Jardins du *Campo del Moro*, le lit du Manzanarès, le parc de la *Casa de Campo* et la gare du Chemin de fer du Nord. Il est entièrement bâti en granit du Guadarrama et en pierre blanche de Colmenar : on le dirait de marbre, comme la cathédrale de Milan dont il a tout l'éclat et toute la fraîcheur. On peut le visiter avec une permission délivrée par le *Mayordomo Mayor* : l'entrée principale est au sud et ouvre l'accès d'un *Patio* grandiose surmonté d'un dôme vitré. L'escalier est monumental. Les salles très nombreuses, il y en a trente au premier étage ; les tapisseries de Flandres dont elles sont tendues, les tableaux de maîtres, les porcelaines et les laques de la Chine et du Japon, la bibliothèque riche de plus de cent mille volumes et manuscrits, la collection de pendules que Ferdinand VII, pour imiter en quelque chose le grand Charles-Quint, s'amusait à monter ; la Chapelle Royale placée sous l'invocation de saint Jacques le Majeur, *Santiago* patron d'Espagne et de *San Isidro*, patron de Madrid, tout cela doit être vu et ne peut pas être décrit.

Mais si la position de ce palais est admirable, elle lui impose aussi tous les inconvénients d'une situation beaucoup trop découverte et que fouette trop souvent le vent glacial du Guadarrama dont les effets sont tellement mortels que les sentinelles placées à l'angle faisant face au Nord-Ouest, la *Punta del Diamante*, doivent être changées tous les quarts d'heure en hiver et qu'il arrive parfois qu'au bout de ces quinze minutes de faction il n'y a plus qu'un cadavre à relever.

Ce qu'il faut voir encore et surtout, avec la permission du grand écuyer qui ne le refuse jamais, ce sont les écuries royales, *las Caballerizas*, fort bien tenues et dans lesquelles on peut admirer un grand nombre de bons et très beaux chevaux. Un amateur, un sportsman comme l'on dit, ne peut se dispenser de cette visite après laquelle on en fait une autre aux voitures de gala et aux vieux équipages qui offrent un véritable intérêt de curiosité rétrospective.

Tout à côté est l'*Armeria*, l'un des musées les plus intéressants de l'Europe. Philippe II y fit transporter les curiosités historiques que l'on conservait à Valladolid, la vraie capitale des Espagnes jusqu'au règne de ce roi ; ses successeurs l'imitèrent et, au commencement du siècle cette collection était très riche, mais survint la guerre de l'Indépendance et les habitants de Madrid pillèrent l'*Armeria* pour repousser l'invasion français. Tout avait été classé de nouveau avec goût et méthode lorsque l'incendie vint détruire, en 1886, ou du moins causer de grands dommages à cette admirable collection. On la restaure aujourd'hui avec le plus grand soin et elle en vaut la peine car on peut dire qu'elle est unique en son genre pour les souvenirs historiques. En fait d'épées seulement, on y voit celles de Roland, du roi Pélage Ier, du Cid, du Grand Capitaine Gonzalve de Cordoue, de Fernand Cortez, de François Ier, de Don Juan d'Autriche, le héros de Lépante, ainsi que son armure. Les costumes guerriers ont plus particulièrement souffert du dernier incendie, mais on répare tout merveilleusement et je le répète, on ne peut venir à Madrid sans y voir l'*Armeria*.

Je ne parle pas des collections particulières, parce que rien ne peut être comparé au Musée royal.

Sa création est due à Ferdinand VII qui en a fait la plus riche collection de toute l'Europe. Il est loin d'être complet cependant mais il l'emporte sur tous les autres comme réunion de chefs-d'œuvre. Je n'entreprendrai pas de citer même un seul des deux mille deux cent soixante-cinq tableaux du catalogue mais je puis vous dire : « Madame, prenez votre pelisse, monsieur gardez votre plus chaude fourrure, si vous saviez assez le froid qu'il fait dans les pays chauds, pour ne l'avoir pas laissée chez vous ; puis entrez au Musée Royal et vous n'en sortirez que lorsque les gardiens en fermeront les portes ; et vous y reviendrez le lendemain et encore les jours suivants... » Je m'arrête là, tant j'ai grande envie de vous accompagner encore dans cette visite artistique.

Il ne s'agit pas ici de faire une description ou une analyse. Si j'écrivais seulement pour être lu au coin de votre feu j'essaierais de vous rendre compte de certaines impressions, mais j'ai la prétention de vous faire passer les Pyrénées et de vous accompagner dans ce merveilleux pays. Quand vous serez au seuil de cette collection sans rivale, armé du catalogue et non d'un *Guide* quelconque, vous verrez vous-même, vous éprouverez les sentiments les plus divers : vous frissonnerez devant Ribeira ; vous vous attendrirez avec Murillo ; vous entendrez les coups de fusil qui partent des tableaux de Goya, le peintre réaliste des guerres civiles ; vous retrouverez le grand Rubens des Pays-Bas ; vous vivrez de votre propre vie d'artiste, car tout le monde l'est plus ou moins, et vous ne regretterez pas votre voyage à Madrid.

Si, au contraire, vous voulez circuler tout en restant assis dans votre fauteuil, eh bien ! prenez Edmondo de Amicis, dont *l'Espagne* a été traduite en français : et lisez sa description du Musée de Madrid, comme celle de l'*Armeria* que l'on va reconstituer telle qu'il l'a vue, et aussi celle du *Musée naval* unique dans son genre, et vous vous promenerez dans les solitudes de l'Amérique à l'époque de la conquête ; vous y trouverez les modèles de tous les singuliers bateaux sur lesquels ces étranges navigateurs traversaient des océans inconnus, les armes des peuples sauvages, etc. Voulez-vous assister à un combat de taureaux ? lisez encore de Amicis, qui décrit merveilleusement aussi un de ces hideux combats de coqs auxquels il a la loyauté de vous dire : « Surtout n'y allez pas ». Plus enthousiaste que moi et au début sa vie de voyageur, il s'extasie devant la *Puerta del Sol*, sans avoir vu, je le pense, les boulevards de Paris, mais je répète que je suis condamné à plus de discrétion et que si je décrivais aussi longuement, j'allongerais mes récits de manière à me rendre illisible. Je me bornerai donc ici même à vous dire : Venez et voyez ; vos impressions seront les vôtres et par conséquent les bonnes. Je vous indique les points les plus remarquables ou les plus intéressants à visiter, le *Guide* se charge de tous les détails et dans certains cas particuliers je vous dis : « Laissez le guide et prenez le catalogue. » C'est le cas pour ces musées divers.

Je ne vous parle pas non plus des théâtres et un peu pour la même raison. Le Théâtre Royal avec son excellente troupe italienne, est un des plus grands de l'Europe ; tous les autres sont également fort beaux ; allez-y et vous ne regretterez pas votre soirée, mais ne me demandez pas la description de la salle. Suivez-moi plutôt aux environs de Madrid qui restera notre quartier général et où nous reviendrons tous les soirs.

Partons donc ensemble pour Tolède, car qui n'a pas vu Tolède n'a pas vu l'Espagne.

Rien n'est plus facile : on prend quelques provisions, on déjeune dans un wagon qui vous conduit sans transbordement jusqu'à la gare de Tolède, on évite ainsi les horribles *fondas* de cette ville sans pareille et on gagne du temps pour la visiter. C'est à la gare de *las Delicias*, où l'on s'embarque également pour le Portugal, qu'il faut venir chercher le train de Tolède, c'est-à-dire très loin de la Puerta del Sol ; on traverse le Manzanarès et la petite ville de *Getafe* avec son collège d'*Escolapios* ou Pères de la Doctrine chrétienne. On franchit ensuite le Tage dont on suit presque constamment la rive gauche jusqu'à Tolède. Gardez-vous de prendre un des nombreux omnibus ou des odieuses *tartanas* qui vous attendent à la gare ; le fameux pont d'*Alcantara*, le pont *des ponts*, n'en est qu'à peu de distance et pendant ce court trajet vous pouvez déjà vous faire une idée de cette ville unique, assise, comme Rome, sur sept collines. Je me hâte d'ajouter qu'il ne faut pas très longtemps pour en faire le tour, mais je dois dire également que l'on peut y séjourner beaucoup sans y avoir tout vu, car il faudrait en parcourir toutes les rues, s'arrêter devant presque toutes les maisons et admirer partout de magnifiques sculptures recouvertes ordinairement hélas ! d'une quintuple couche de lait de chaux. Ici, ce sont des balcons en fer forgé, splendidement travaillés, là des portes massives, avec des marteaux superbes, des clous gigantesques

que l'on nomme avec raison des demi-oranges,
puis des écussons sur tous les murs, des façades
noircies par le temps, des palais transformés en
écuries. Il est très difficile de donner une idée
de Tolède : c'est une ville à part comme Venise,
Sienne ou Nuremberg. Il n'y a pas de terme
de comparaison. Théophile Gautier, que je n'ai
guère plus cité qu'Alexandre Damas, a dit fort
bien que cette ville étrange « tenait à la fois
du couvent, de la prison, de la forteresse et aussi
un peu du harem, car les Maures ont passé par
là. » M. Villaamil, un des peintres qui ont le plus
contribué à vulgariser les monuments espagnols,
prétendait qu'au bout de neuf mois on ne pouvait
encore rien connaître de Tolède et si l'on veut tout
voir, je le suppose au moins, il faudrait parcourir
cette ville en tenant à la main les deux volumes de
l'excellente monographie de Don Sixto Ramon
Parro — *Toledo en la mano* — ils n'ont que *mille
cinq cent cinquante* pages.

Tout cela signifie que je n'ai pas la prétention
de décrire Tolède, ce qui est impossible, et que
je me bornerai tout au plus à indiquer l'itinéraire
à suivre pour visiter ce musée à ciel ouvert, le
plus promptement et le plus complétement pos-

sible. Le Tage décrit comme un fer à cheval
autour de la ville qui s'élève à 60 mètres au-dessus
du cours du fleuve ; on le traverse sur deux
ponts, situés aux deux extrémités du fer à cheval. Celui d'*Alcantara* est orné de deux portes
massives, percées dans des remparts crénelés,
dont les premières constructions remontent jusqu'au roi Wamba. Après avoir gravi la rampe qui
conduit à la ville on se trouve en face de la *Puerta
del Sol*, une vraie porte celle-là, une perle de
l'architecture des Maures, admirablement conservée. Elle est encadrée dans une forte muraille couronnée de créneaux avec une belle tour demi-cir-
culaire. Au-dessus de l'un des arcs est un énorme
écusson aux armes de la cathédrale de Tolède et,
entre les deux, une vieille sculpture représente
l'exécution de Fernand Gonez. Cet *Alguazil mayor*
fut décapité par ordre du roi pour avoir insulté
deux dames de la Cour.

Au lieu d'entrer dans la ville, mieux vaut continuer à droite, et aller admirer tout de suite la
porte de *Visagra*, flanquée de deux grosses tours
rondes crénelées. Elle date du temps de Charles-
Quint : on le reconnaît sans peine à la grandeur
massive de la construction, aux armes de l'Em-

pire gravées sur les écussons. Tout ce qu'a fait le monarque sur les États duquel le soleil ne se couchait jamais, est marqué du même sceau. La vieille porte, aujourd'hui murée, remonte à la première époque de la domination arabe et fermait la seconde enceinte de Tolède. C'est par la poterne de l'arc du milieu, qu'entrèrent les armées chrétiennes. On a voulu faire dériver le nom de *Visagra* du latin, *via sacra*, mais il est plus probable que l'on retrouve là, la *Bab Schara* des Arabes qui signifie Porte des champs, car, en dehors de la porte, on se trouvait en rase campagne.

Nous revenons à la *Puerta del Sol* pour l'admirer encore et nous nous engageons dans les rues tortueuses de la ville en nous dirigeant vers la porte *del Cambron*, construite par le roi Wamba, réédifiée par les Arabes, réparée pas les Espagnols en 1576, et située tout au nord de la ville. Les rois goths avaient élevé près de là, un des quatre Alcazars de Tolède, mais on n'en trouve plus de traces, pas plus que de celui qui existait près de la place de Juan de Padilla et qui fut habité par Alphonse VIII. Un troisième alcazar se trouvait sur l'emplacement actuel de l'hôpital de *Santa Cruz* et fut d'abord le prétoire des rois goths. Lorsque les Maures eurent conquis Tolède, leur chef, Al Fahri, y construisit un palais pour sa fille Galiana et c'est là que vint résider le roi de Castille, Don Alfonso, après en avoir expulsé par la force des armes, les Maures qui l'occupaient.

Et puisque j'ai prononcé le nom de Galiana, une petite digression à son sujet. Il faut aller voir, en dehors de la ville, la *Huerta del Rey* au milieu de laquelle on retrouve les ruines d'un château de plaisance de la belle princesse : l'intérieur, habité par des paysans, est noir et enfumé, mais on y découvre des arabesques ravissantes, des inscriptions et des ornements en relief et aussi les armoiries de la noble famille de Guzman qui le reçut en apanage, après la conquête. Une vieille légende raconte que Charlemagne s'y arrêta et que Galiana se fit chrétienne pour le suivre en France où elle partagea son trône.

Mais retournons à la porte *del Cambron*, un peu au-dessus de laquelle se trouve la célèbre église de *San Juan de los Reyes*, érigée en 1477 par les Rois Catholiques après la victoire de Toro remportée sur les Portugais. Ils l'avaient d'abord destinée à recevoir leur sépulture qui se trouve, comme nous l'avons vu déjà, dans la chapelle royale de Grenade. Aux murs extérieurs de la basilique sont suspendues des chaînes ; ce sont celles des chrétiens délivrés à Malaga et à Almeria lorsque les derniers Maures furent expulsés du sol de l'Espagne. Le chevet est une merveille d'architecture, avec ses deux tribunes à balcon suspendues aux derniers piliers, qui portent les chiffres enlacés d'Isabelle et de Ferdinand. Dans l'église, il faut remarquer le pilier qui supporte la chaire : c'est un tronc de palmier pétrifié. Le cloître est un chef-d'œuvre d'architecture, on le répare magnifiquement ; c'est un des plus riches modèles de l'art gothique dans toute sa pureté et il est célèbre dans le monde artistique entier. Le *Museo Provincial* est installé dans les galeries supérieures : on peut y voir le portrait du célèbre Torquemada et l'emplacement de la cellule du cardinal Jiménès, l'un des plus illustres prélats dont s'énorgueillit le siège archi-épiscopal de Tolède.

C'est ici l'occasion de constater que Tolède est non seulement une des plus anciennes villes d'Espagne, mais du monde, s'il en faut croire les chroniqueurs ; et il faut souvent s'en rapporter à ces savants inconnus qui représentent la tradition et qui la conservent. Les plus modérés placent l'époque de la fondation de Tolède avant le déluge, rien que cela ! et c'est Tubal qui aurait posé sa première pierre. D'autres en font une ville grecque ou romaine ; d'autres enfin la font élever par les Juifs qui entrèrent en Espagne au temps de Nabuchodonosor, appuyant leur opinion sur l'étymologie du nom de Tolède qui viendrait de *Taledoth*, mot hébreu signifiant : générations, parce que les douze tribus auraient contribué à la bâtir et à la peupler.

Et puisque nous parlons des Juifs, quittons San Juan pour visiter *Santa Maria la Blanca* qui est, avec *Nuestra Señora del Transito*, l'un des spécimens les plus intéressants des rares constructions hébraïques sur le sol de l'Espagne, avec ses gros piliers, ses chapiteaux, ses inscriptions talmudiques et, dans la cour qui la précède, les piscines traditionnelles de la purification. Quant à *Nuestra Señora del Transito*, c'est une synagogue abandonnée depuis longtemps, mais dont les cinquante-quatre arches sont remarquables par la richesse et la perfection de leurs ornements.

Si je parle autant des Juifs c'est que l'on prétend que ceux de Tolède n'ont pas voulu consentir à la mort de Notre-Seigneur. Le Conseil des prêtres présidé par Caïphe envoya, dit-on, consulter les tribus pour savoir si Jésus-Christ devait être mis à mort. Lorsque la question fut posée aux Juifs de Tolède, la synagogue se prononça pour l'acquittement. On affirme encore que l'original de la réponse, avec une traduction latine, est conservé dans les archives du Vatican. En récompense, on permit aux Juifs de Tolède de bâtir cette synagogue qui est la seule, paraît-il, que l'on ait jamais tolérée en Espagne.

Ceci est une légende, et puisque nous en sommes à cette époque, je me demande où j'ai bien pu lire que la Légion romaine qui occupait Jérusalem à l'époque de la mort de Notre-Seigneur-Jésus-Christ, était composée de Tarragonais ? Je ne puis me répondre à moi-même, mais tenez pour certain que j'ai vu cela quelque part.

Il est temps d'entrer enfin dans la Cathédrale qui passe pour être une des plus belles et surtout des plus riches de toute l'Espagne. Ce n'est pas peu dire ! Quelques auteurs font remonter sa construction au temps de l'apôtre saint Jacques, premier évêque de Tolède, qui en aurait désigné l'emplacement à son disciple et successeur, Elpidius, ermite du Mont-Carmel. Dans tous les cas, saint Eugène, sixième évêque de Tolède, l'embellit et l'agrandit. Elle fut démolie en 302, pendant la persécution de Dioclétien et rebâtie vers l'an 312, après la conversion de Constantin. Elle devint mosquée pendant l'occupation des Maures : saint Ferdinand la fit démolir et, en 1227, jeta les fondements de la nouvelle église dont la construction dura deux siècles. La Cathédrale de Tolède est la métropole de l'Espagne.

Mais, avec tout cela, nous ne sommes pas encore entré dans ce beau monument, à la description duquel l'auteur du *Toledo en la mano*, dont j'ai parlé déjà, n'a pas consacré moins de 743 pages. Je me bornerai à dire que son architecture est du style gothique le plus pur et que l'on y entre par huit portes monumentales. Cinq nefs partagent l'église ; celle du milieu à 46 mètres d'élévation et l'on a dit d'elle que « les autres semblent incliner la tête et s'agenouiller en signe d'adoration et de respect ». Les nefs sont séparées par 83 piliers formées chacun, d'un assemblage de 16 colonnes élancées. Le vaisseau a 113 mètres de long sur 57 de large. Le retable du maître-autel, tout en bois de mélèze, est divisé en cinq étages garnis de statues, décorés des plus riches ornements : derrière, se dresse une œuvre incompréhensible qui se nomme le *Transparente* et qui est un entassement inouï de marbres, de dorures, de nuages, etc. Pardon de ne pas détailler davantage, mais la plume recule épouvantée devant de pareilles descriptions qui ne sont à leur place que dans un catalogue des merveilles.

Le *Coro* est remarquable par la richesse de la *Silleria*, composée de trois rangs de stalles en bois merveilleusement découpé : je ne crois pas que l'art gothique ait rien produit de plus parfait.

De toutes les chapelles qui ornent le pourtour de l'église, ou qui sont adossées aux piliers gigantesques, je ne veux parler que de deux. D'abord celle de *San Ildefonso*, élevée à la place même où la sainte Vierge apparut et donna au saint la chasuble miraculeuse. L'apparition est représentée dans un médaillon de marbre sculpté en relief. Une petite armoire en marbre rouge, du côté de l'épître, renferme la pierre blanche sur laquelle la Vierge posa le pied lorsqu'elle descendit dans l'église ; les fidèles peuvent toucher cette pierre à travers les barreaux et au-dessus de l'armoire on lit ce verset du psaume XXXI : *Orabimus in loco ubi steterunt pedes ejus.*

La chapelle *Mozarabe* est peut-être la plus curieuse. Elle fut fondée par le cardinal don Francisco Jiménès Cisnéros, pour perpétuer au milieu des cérémonies modernes du rit grégorien, l'ancien rit chrétien primitif, qui par une capitulation spéciale, lors de l'invasion des Arabes, avait continué à s'exercer dans six églises de Tolède. Les fidèles qui avaient profité de cette tolérance furent appelés *Mozarabes*, c'est-à-dire mêlés aux Arabes.

Plus tard, Alphonse VI voulut rendre général l'exercice du culte romain ; le clergé résista et finit cependant par perdre ses traditions et jusqu'à l'intelligence des textes ; mais survint le grand Jiménès qui fit traduire les rituels et obligea le clergé des six paroisses Mozarabes à venir, à tour de rôle, dire l'office dans la nouvelle chapelle, à l'heure même de l'office du chapitre.

Il faut admirer surtout, dans cette chapelle, une fresque gothique représentant un combat entre les Maures et les habitants de Tolède. On y voit la cité antique, avec ses murailles, les camps des deux armées, les costumes des guerriers, jusqu'aux traits de leurs visages. Et deux autres fresques représentant le départ des Maures pour l'Afrique, les navires et mille détails de la marine du moyen âge.

Nous sortons un instant pour reprendre nos esprits et respirer un peu sans rien regarder, mais le moyen de ne pas voir la haute tour qui fait partie de la façade principale et qui se termine en une pyramide ornée de trois grandes couronnes d'épines. Une cloche gigantesque est suspendue au premier étage ; elle pèse 226 quintaux métriques (1) et a 9^{m}50 de circonférence.

Il m'est absolument impossible d'énumérer les richesses de la sacristie, je veux dire du trésor de la Vierge du *Sagrario*, dont la chapelle a été élevée à l'endroit même où, lors de l'invasion des Maures, on avait enfoui la sainte image. Derrière la statue vénérée, on entre dans *l'Ochavo*, ainsi appelé parce que la pièce est octogone. Ceci est encore une partie du trésor : précieuses reliques, cercueils en argent renfermant les corps de sainte Léoca- die, patronne de la ville, et de saint Eugène ; un amoncellement de merveilles !... Je répète que la cathédrale de Tolède est la plus riche de toute

____

1, 1513 arrobes. L'arrobe = 14 kilog. 688 gr.

l'Espagne. Sortons par le cloître ; aussi bien on a besoin de prendre l'air après un spectacle aussi éblouissant, et disons qu'il est digne de la cathédrale, qu'il complète.

Nous avons déjà signalé, au cours de notre promenade dans Tolède, les ruines de trois *Alcazars* ; restait le quatrième, celui qui valait, à lui seul, une visite de la vieille cité. Depuis 1887 c'est une ruine lui-même et, une fois encore, le feu a dévoré toute cette magnifique restauration. Détruit dans toutes les guerres, relevé pendant toutes les trèves, ce splendide monument qui rappelle par sa masse imposante, certaines parties du château d'Heidelberg, fut construit par Charles-Quint. Aux quatre angles s'élèvent des tours carrées, la cour est superbe, l'escalier était une des plus belles œuvres de ce genre, tout est ruiné... et pour toujours, car on ne bâtit plus de monuments aujourd'hui, en dehors de ceux que la foi élève encore. Des fabriques, des gares de chemin de fer, des palais en carton-pierre pour les expositions qui ruinent le commerce ou l'industrie de ceux qui les entreprennent, voilà ce qu'on construit de nos jours. Le temps des alcazars est passé, il ne reviendra plus.

Nous sommes sur la place de *Zocodover*, avec

ses galeries et son petit jardin, le *Salon* des Tolédains : on se croirait à Sienne vue au microscope, mais c'est bien ce qu'il faut à une vieille cité comme celle où nous sommes.

Si vous n'êtes pas mort de fatigue ou de faim, malgré la grande habitude que l'on peut avoir de *posadas*, plus mauvaises ici qu'ailleurs — si c'est possible — voyez encore le *palais de Don Diego* qui fut habité par Henri de Transtamarre et donné à Du Guesclin ; et aussi : *le Taller del Moro* avec ses salles ornées d'une profusion de sculptures et ses plafonds lambrissés, puis redescendez à la gare en passant encore une fois à côté de la *Puerta del Sol* que l'on ne se lasse pas d'admirer.

J'ai parlé de Galiana : le moyen de quitter Tolède sans prononcer au moins le nom de la belle Florinde, la fille du comte Julien qui se baignait au *Baño de la Cava* dont on montre encore les ruines. Elle fut aperçue par le roi Roderic qui en devint amoureux et la séduisit ; son père trahit son pays pour venger l'outrage et appela les Maures en Espagne. Voilà l'origine de la conquête et de la domination des Arabes ; je ne vous la conterai pas, car le trajet de Tolède à Madrid est trop court pour cela.

Tâchez de ne pas être obligé d'aller à l'*Escorial* pendant la mauvaise saison. Ce Saint-Denis des rois espagnols est à neuf cent vingt-sept mètres au-dessus du niveau de la mer et on gèle dans cet immense monument. C'est encore une excursion qu'il convient de faire de Madrid, quand rien ne vous oblige à vous y arrêter à six heures du matin, en arrivant de France, ou bien encore à quitter Madrid à huit heures pour prendre l'express à son passage, à neuf heures et demie du soir. C'est pour cela que je classe l'*Escorial*, résidence royale du reste, au nombre des excursions à faire aux environs de Madrid.

Cet immense palais a été bâti par le sombre Philippe II, dans le site le plus désolé qui soit en Espagne. Le pays offre l'image du chaos, avec d'immenses blocs de pierres qui se dressent partout. Pas un arbre, de maigres pâturages dans lesquels paissent en liberté des troupeaux de taureaux sauvages qui viendront se faire abattre un jour dans les nombreux cirques que possèdent toutes les villes qui prétendent à ce nom en Espagne. On est déjà rempli de je ne sais quelle sombre tristesse en arrivant à la *fonda* où on fera bien de déjeuner avant d'entreprendre l'interminable visite de ce monument que les Espagnols appelle la huitième merveille artistique du monde et qui ne peut être comparé à rien de ce que l'on a pu voir déjà. Couvent, tombes des rois, résidence royale, collège, église, bibliothèque, il y a de tout dans cette gigantesque construction et j'ajoute qu'il faut tout voir.

« C'est assurément, après les pyramides d'Egypte, dit Théophile Gautier, dans son fantaisiste et pittoresque *Tra los Montes*, le plus grand tas de granit qui existe sur la terre. » Puis il ajoute, avec beaucoup de raison : « Je conseille aux gens qui ont la fatuité de prétendre qu'ils s'ennuient, d'aller passer trois ou quatre jours à l'*Escorial*. Ils apprendront là ce que c'est que le véritable ennui et ils s'amuseront tout le reste de leur vie en pensant qu'ils pourraient être à l'*Escorial* et qu'il n'y sont pas. »

Il règne dans ce pays désolé, des vents terribles et qui sont plus célèbres encore que notre fameux mistral ; le marquis de Custine prétend quelque part que, parfois, ils ont enlevé des hommes ; seulement il néglige de dire où ils les ont déposés

Le village de l'Escorial tire son nom des scories de fer, restes d'une grande exploitation qui couvrent le sol aux alentours. Philippe II fit construire le monument gigantesque que nous allons visiter,

en commémoration de la prise de Saint-Quentin
dont l'église de Saint-Laurent avait souffert de
grands dommages pendant le siège et pour l'accom-
plissement d'un vœu fait à cette époque. Jean-Baptiste de Tolède en posa la première pierre le 15 avril
1563. Le roi voulut donner au monument nouveau
la forme du gril sur lequel le saint avait souffert le
martyre. Le manche est figuré par l'habitation royale
et les quatre tours de cinquante-cinq mètres de haut
qui sont aux angles du monument représentent les
pieds du gril qui forme un carré de deux cents mètres
sur cent cinquante-six. Le tout est uniquement
construit en granit sombre et les détails disparaissent dans l'immensité du monument. L'impression physique causée par ces longues voûtes où
le soleil ne pénètre jamais et par cet amas de pierres gigantesques, vous accompagnera pendant toute
la longue visite de cet édifice, unique dans son
genre.

La façade principale présente trois portails immenses et se termine naturellement par deux des
quatre tours dont j'ai parlé. Au dessus de la grande
porte on voit une statue de saint Laurent qui a quatre mètres de hauteur; le saint tient un énorme gril
de bronze doré dans sa main droite. Un vestibule,

au-dessus duquel se trouvent la bibliothèque, conduit dans une première cour — des Rois — entourée de constructions à cinq étages, au fond de laquelle s'élève la façade de l'église. Des statues colossales couronnent les colonnes gigantesques qui précèdent le portique. L'église, d'une majestueuse nudité, est partagée en trois nefs par quatre piliers monstrueux et a une coupole superbe qui se termine par une lanterne, un lanternon et une pyramide qui supporte une boule en bronze au-dessus de laquelle s'élève une croix dont le sommet est à quatre-vingt-quinze mètres du sol.

Je n'entreprendrai pas la description des quarante-trois chapelles, des autels et des tableaux de maîtres qui ornent cette église et je me borne à en signaler la *Capilla mayor* avec ses marbres précieux, et ses monuments royaux, ses fresques et ses statues en bronze doré. Dans la sacristie, il faut également tout voir; depuis le buffet formé de bois précieux, les reliquaires, la croix, et les miroirs en cristal, don de la reine Anne d'Autriche, jusqu'à l'autel de la *Santa Forma*, la sainte hostie, avec ses bas-reliefs en marbre qui représentent la sainte hostie foulée aux pieds par des hérétiques, recueillie par Rodolphe II, empereur d'Allemagne, et envoyée au roi Philippe II. Un grand tableau, dont les figures sont autant de portraits historiques, représente aussi la procession qui eut lieu dans cette même sacristie, pour la réception de la sainte hostie.

Il faut encore voir le chœur avec ses cent vingt-quatre stalles en bois précieux et sa bibliothèque composée de deux cent dix-huit livres de chant, de un mètre de haut, en parchemin et admirablement écrits.

Sous la *Capilla mayor* est placé le *Panthéon* qui est la sépulture des rois d'Espagne. Avant d'y arriver et au bas du premier palier, on trouve le premier caveau — le *pudridero* — où la mort complète son œuvre, le corps y séjournant jusqu'à ce qu'il puisse être mis à sa place définitive. Ici ce n'est pas comme jadis à Saint-Denis, où le dernier roi remplaçait son prédécesseur sur la pierre de l'attente et n'était descendu dans le caveau royal que lorsque lui-même était remplacé par son successeur. Le Panthéon des rois et des reines ayant laissé succession, est une pièce octogone revêtue de marbre et prodigieusement ornée. Le caveau des Infants et des autres reines est relativement simple d'ornementation. Quels noms on lit sur les vingt-six tombes de la première salle ! Charles-

Quint, Philippe II, III et IV, Charles III. Quand on pense que l'on pourrait aussi graver ici cette courte inscription de la tombe du cardinal Portocarrero, à l'entrée de la sacristie de la cathédrale de Tolède :

Hic jacet pulvis, cinis et nihil.

Ce qui repose à l'*Escorial*, ce rien est bien grand, car c'est l'histoire du monde pendant des siècles de gloire ; c'est l'apogée de la grandeur humaine, mais tout cela est redevenu poussière !

Nous traversons le cloître. Quelle tristesse et quelle différence avec ces ravissantes constructions de San Juan de los Reyes à Tolède, d'où nous venons, de Belem, à Lisbonne, où nous allons et surtout de Montréal, près de Palerme où nous avons été Les moines de l'*Escorial* devaient être tous peints par Velasquez ou Ribera, tandis que les autres avaient plus de gaîté dans la figure après leur promenade sous ces voûtes aux mille arabesques et donnant sur de merveilleux paysages. Nous gagnons le grand escalier à triple rampe, l'œuvre capitale de ce grand monument. Dans la frise, Luca Giordano a peint la bataille, le siège et la reddition de Saint-Quentin. Sur le quatrième côté est représentée la fondation de l'*Escorial*. Tout est à admirer dans la *Bibliothèque*, depuis certains volumes très rares, jusqu'aux fresques de Carducci qui la décorent.

Une grande sphère du système de Ptolémée et d'autres globes terrestres et célestes sont disséminés dans toute sa longueur. La *Bibliothèque des manuscrits* est au-dessus, elle renferme des documents hébreux, grecs, arabes et latins ; des bibles dans toute les langues ; de vieux codes dont un, arabe, écrit en 1049 ; un Coran, pris, dit-on, à la bataille de Lépante, etc., etc. Je dis : etc, parce que personne ne voudra ni ne pourra voir de ses yeux de si incompréhensibles merveilles.

Nous ne visiterons ni le collège ni le séminaire et nous traverserons rapidement les appartements du palais qui forme, vous vous en souvenez, le manche du gril, en se détachant à angle droit, du milieu de la façade nord de l'immense monument. C'est une succession de pièces sans intérêt, en dehors des fort belles tapisseries espagnoles et flamandes qui en décorent les murailles. Dans l'appartement du roi il faut voir la chambre *de maderas finas*, un bijou d'incrustation des bois les plus rares et les plus précieux et où la serrurerie est à la hauteur des admirables incrustations. De grandes fresques ornent la salle des Batailles ; c'est de là que l'on descend à la partie la plus curieuse, pour ne pas dire la plus solennelle de l'*Escorial*, l'appartement où mourut Philippe II après une longue et douloureuse maladie. Une salle blanchie à la chaux, sans meubles, éclairée par une fenêtre donnant sur des jardins qui ressemblent à des cimetières. Deux portes s'ouvrent sur des alcôves également nues ; dans l'une était le lit du roi, dans l'autre, son cabinet de travail et son oratoire, car en ouvrant un volet il pouvait assister à l'office qui se célébrait à la *Capilla mayor*. On conserve une table avec un casier, un fauteuil et deux chaises. Voici où a vécu et où est mort Philippe II le fondateur de l'*Escorial* !

Il faut avoir vu l'*Escorial*, je le répète ; quand on l'a visité on ne se consolerait pas de ne pas connaître cette merveille, mais ce n'est point un endroit où l'on voudrait revenir souvent.

Vous rentrerez dix fois en Espagne pour passer quelques jours à Grenade ou quelques nuits à Séville, mais vous ne franchirez jamais la frontière, je le crois du moins, pour revoir l'*Escorial*, et cependant il est vrai que l'on ne voit bien que ce que l'on a vu deux ou plusieurs fois ; il est vrai que l'on aime à repasser là où en est venu déjà.

L'*Escorial* est peut-être trop grand, trop mystérieux, pour ne pas dire mystique, trop incompréhensible... pour moi, ou bien je ne l'ai pas encore
assez vu... mais partons !

Si vous tenez à visiter toutes les résidences
royales, il faut encore aller au *Pardo*, à douze
kilomètres de Madrid, sur la rive droite du Manzanarès, cette pauvre rivière que l'on a tant plaisantée
et qu'un ambassadeur allemand préférait à toutes
les autres parce que, disait-il, elle était navigable à
pied, à cheval et en voiture.

Le palais est un ancien rendez-vous de chasse,
bâti par Henri III, réédifié par Charles-Quint, puis
agrandi et embelli par ses successeurs. On y
admire une grande quantité de tapisseries faites
à Madrid sur des modèles de Goya et de Teniers.
Le parc est immense et les murs de clôture ont de
soixante-quinze à quatre-vingts kilomètres de
développement. Chambord n'en a que trente-deux
et, pour un beau parc !... comme dirait quelqu'un de
ma connaissance ! — Je n'ajoute pas le reste ! Cette
immense enceinte renferme deux autres propriétés
royales, la *Zarzuela*, entourée de beaux jardins et
la *Quinta*.

La Granja est beaucoup plus éloignée de

Madrid et fut reconstruite par Philippe V qui avait la nostalgie de Versailles. Au palais de Valsain, entouré de bois de sapins, qu'aimait Philippe II et qui fut incendié, Philippe V fit succéder la *Granja*, bâtie sur l'emplacement d'une métairie, comme Versailles avait succédé au fameux moulin à vent —ne pas confondre avec celui de Postdam qui existe encore grâce aux juges qui... vivaient jadis à Berlin. —C'est à la *Granja* que s'était retiré Philippe V après son abdication. C'est encore ici — et c'est surtout pour cela que je parle de la *Granja* — que Ferdinand VII ayant déclaré son frère Don Carlos, « héritier de la couronne aux termes de la loi promulguée par Philippe V » et au détriment de ses filles, fut circonvenu par Marie Christine, à l'aide de laquelle l'Infante Luisa Carlota, sa sœur, était accourue. Le faible monarque révoqua son décret et reconnut les droits immédiats de sa fille, qui fut la reine Isabelle et à défaut, ceux de sa sœur, actuellement la duchesse de Montpensier! Quelle occasion, si je n'étais pas mort à la politique, de nous asseoir à l'ombre des grands arbres et, tout en roulant un nombre incalculable de cigarettes, de vous parler des « mariages espagnols », du traité d'Utrecht, des droits de succes-

sion au trône, en Espagne, de la première guerre
carliste de 1836 et de la seconde levée de boucliers
en 1872... mais rassurez-vous, je suis mort et, de
plus, je n'ai nulle envie de ressusciter.

Parcourons donc la *Granja!* Le palais est baroque, l'église est étrange ; on y remarque le tombeau
élevé par Ferdinand VI à la mémoire de son père
qui n'avait pas voulu reposer à l'*Escorial*, près des
princes de la maison d'Autriche. Le corps de la
femme de Philippe V, Isabelle Farnèse, fut placé en
1776, sous la même pierre. Les appartements du
palais sont richement meublés. Les eaux fort abondantes, sont le principal ornement de la *Granja*. C'est
Versailles en petit, avec la Fontaine d'Éole, le Char
de Neptune, le serpent Python frappé par Apollon et
vomissant des torrents d'eau. Voyez encore le
Labyrinthe, les Jardins réservés et rentrez à Madrid
pour n'en plus sortir qu'en chemin de fer et pour
tout à fait.

CHAPITRE VII

De Barcelone à Madrid par Saragosse. — Montserrat. — Son histoire et sa légende. — Lérida. — Saragosse, Notre-Dame del Pilar. — L'Alfajeria. — Calatayud. — Piedra. — Atéca. — Alhama d'Aragon. — La Sierra de Moedo. — Medinaceli. — De la hauteur à laquelle atteignent les différents chemins de fer, en Europe. — Guadalajara. — Alcalá de Hénarès. — La patrie de Cervantès Saavedra.

C'est bientôt dit de quitter Madrid pour tout à fait, mais il arrive aussi qu'on y revienne et qu'alors on choisisse une autre route que celle qui nous y a conduit une première fois. C'est ce que j'ai fait et vous allez me suivre encore de Barcelone à Madrid par Saragosse. C'est plus court et moins intéressant cela va sans dire, mais enfin tout chemin mène...à Madrid.

La première station obligatoire à faire, par ce nouvel itinéraire, c'est le Montserrat. Pour y aller on s'arrête à la gare de Monistrol, à moins de vouloir faire l'expédition complète qui dure trois jours

en passant alors par Martorell, et en montant de là
aux grottes de Collbato ou l'on couche. Le lendemain on fait l'ascension du San Geronimo et on
vient coucher au Monastère ; puis le troisième jour,
après avoir vu lever le soleil et visité la grotte de
la Vierge, celle de Juan Garin, les rochers et les
ermitages, on redescend à Monistrol pour reprendre la ligne de Saragosse à Barcelone. Pour cela il
faut du temps, ce qui, en voyage est souvent plus
rare que de l'argent.

Prenons donc par la voie la plus courte, c'est-à-
dire montons dans une *tartane* qui attend les voyageurs à la gare de Monistrol pour les conduire par
la ville de ce nom, au sommet de la montagne.
Pour y arriver, il faut quelques provisions et beaucoup de patience. La tartane est en effet un véhicule étrange, un omnibus sur deux roues, traînée
par des mules nombreuses qui marchent bien,
quand elles veulent marcher, et auxquelles le conducteur parle sans cesse, les appelant par leur
nom, leur disant des douceurs ou les injuriant suivant la circonstance. Il y a de quoi étourdir un
sourd. Souvenez-vous de la diligence de Ronda.
En trois heures ou à peu près, on arrive au sommet
de la montagne par une fort belle route, très bien

tracée. Au nord, les eaux du Llobrégat caressent, en passant, ses assises de pierre et la voie ferrée de Barcelone à Lérida se développe à ses pieds, dans la vallée du fleuve : la ligne de Martorell à Igualada la contourne au sud, entre Gélida et Collbato. Elle mesure environ quinze cents mètres de hauteur ; et sa superficie couvre plus de quatre lieues de circonférence. On la croirait inaccessible tant elle paraît escarpée ; mais on y peut monter par des routes carrossables venant de Monistrol et de Collbato et par des chemins, praticables aux chevaux, partant de Collbato et de Casa-Massana ; il existe aussi une foule de sentiers, que le pied de l'homme, toujours porté à raccourcir les distances, a tracés sur ses flancs. Elle est coupée par de profondes ravines, affreuses déchirures, hérissées de rochers qui ne tiennent debout qu'à la faveur d'une merveille d'équilibre, et des bouquets de buis, des touffes de romarins, des plants de yeuses, des tiges de mûriers, mêlent leur incompréhensible végétation à la sécheresse de ces blocs amoncelés dans un désordre vertigineux.

Cette singulière montagne était connue des Chaldéens sous le nom de *Cells*, entassement : les Romains la désignaient sous celui de *Carrof*, dont l'étymologie est ignorée. Après la mort du divin Rédempteur on l'appela *Mons Estorcil*, la montagne des Douleurs; elle reçut des Maures la dénomination de *Gib Taus*, les roches vigilantes; et Charlemagne lui donna le nom qu'elle porte aujourd'hui, *Mons Serratus*, mont scié, en langue catalane *Montserrat*.

Un cirque d'effondrement, gigantesque crevasse pénétrant jusqu'au cœur du colosse de granit, partage la montagne en deux cimes à peu près égales qui dominent, à la naissance du torrent de Vall-Mal, une terrasse sur laquelle est posé un vaste monastère. Des chapelles récemment restaurées, apparaissent çà et là, perdues au milieu des anfractuosités; des ermitages en ruines se montrent accrochés aux parois, retenus par les saillies, incrustés dans le roc; et des sources jaillissantes, des grottes superposées ajoutent encore aux surprises que cette masse tourmentée étale sur ses arêtes, ou cache dans ses replis aux teintes brunes, grises, rouges et orangées.

Mais ce qui fait surtout la célébrité du Montserrat, c'est la statue miraculeuse de la Vierge Marie, modelée par l'évangéliste saint Luc et apportée en Espagne par l'apôtre saint Pierre, quand il vint débarquer à *Barcinus*, sur les côtes de la Tarragonnaise. Le Prince des apôtres avait laissé ce précieux dépôt entre les mains du premier évêque de Barcelone, saint Etérius; et, dès le quatrième siècle de l'ère chrétienne, saint Pacien l'exposait à la vénération des fidèles sur le maître-autel de son église épiscopale placée sous l'invocation de saint Just et de saint Pasteur, qui existe encore dans la vieille ville, auprès du palais de la municipalité. Lorsque les Maures, appelés en Espagne par la trahison du comte Julien, s'avançaient victorieux jusqu'au pied des Pyrénées, Barcelone investie soutint vaillamment un siège de trois ans; mais l'heure approchait où elle allait tomber aux mains des infidèles dont le fanatisme n'avait d'égal que la cruauté! Il fallait mettre la sainte image à l'abri de leurs profanations. Dans une nuit du mois d'avril de l'année 718, l'évêque Pierre et le gouverneur Erigoin, trompant la vigilance des mécréants, sortaient de la ville pour aller cacher la vierge de Jérusalem dans une grotte du *Mons Estorcil*, la confiant aux soins de quelques religieux de l'ordre de Saint-Benoît qui vivaient pieusement dans les ermitages de Saint-Michel, de Saint-Aciselo, de Saint-Pierre et de Saint-Martin.

Cent soixante-deux ans s'étaient écoulés : en ces

temps agités, les ermites, à l'heure de la mort, n'avaient pas pu transmettre à des successeurs leur précieux dépôt ; la montagne était déserte et d'épaisses broussailles couvraient complétement la grotte et ses accès.

Battus en Catalogne par les guerriers francs que guidait Charlemagne, les Maures avaient été refoulés au delà de l'Èbre et Wilfrid le Velu était comte régnant de Barcelone.

Des bergers d'Olesa, gardant leurs troupeaux sur les rives du Llobrégat, aperçurent un soir, des lueurs mystérieuses du côté de la Foradada ; et, s'étant approchés, ils entendirent de sublimes accords qui semblaient sortir des profondeurs d'une grotte ignorée. Ces phénomènes lumineux, ces harmonies célestes se reproduisaient de semaine en semaine, toujours le samedi. Le clergé d'Olesa en fut bientôt instruit et il se rendit sur la montagne pour contrôler l'exactitude du dire des pasteurs. Convaincu lui-même que c'était une manifestation surnaturelle, le clergé en fit part à l'évêque de Manresa et de Vich. Accompagné du seigneur de Riusech et de ses vassaux, le prélat alla reconnaître les événements dont on lui avait rendu compte : sur son ordre, on dégagea avec des faulx, des haches et des pics, les abords du sentier que l'on avait suivi depuis le château d'Olger et, soudain, une grotte fut découverte. Cette grotte renfermait la statue de la Vierge de saint Luc, brillante et parfumée.

L'invention de la sainte image fut célébrée par des chants d'allégresse et des cantiques d'action de grâces et, obéissant à une inspiration divine, l'évêque Gottomar renonça au projet qu'il avait formé de transporter à Manresa, la Madone de Jérusalem ; il fit vœu d'élever à cette même place un temple véritablement digne du culte de la Mère de Dieu. On déposa provisoirement la statue retrouvée, dans ce qui restait encore de l'ermitage de Saint-Aciselo et la garde en fut donnée à un moine bénédictin.

Originaire de Valence et Goth de nationalité, ce moine, Joan Gari, se distinguait par sa piété et son amour de la retraite : c'était pour lui le comble du bonheur de vivre dans la solitude du Montserrat pour se consacrer au service de la Vierge Marie. Sa réputation de sainteté se répandit rapidement dans toute la Catalogne et il menait depuis dix ans cette vertueuse existence, lorsque survinrent des événements que la légende raconte comme suit (1) :

1. Cette notice sur Montserrat est de M. Paul Laborde, un des Français qui connaît le plus et le mieux l'Espagne et qui, outre

13.

« — Vers l'année 888, Riquilde, la fille unique de Wilfrid le Velu, comte de Barcelone, devint possédée du démon. Lorsqu'on l'exorcisa, le malin esprit déclara qu'il ne délivrerait la jeune comtesse que sur l'ordre de Joan Gari, ajoutant que tôt ou tard, il saurait la reprendre quand elle serait loin de l'ermite du Montserrat.

« Wilfrid le Velu se rendit avec sa fille, à l'ermitage de Saint-Acisclo, où les prières de Joan Gari ne tardèrent pas à obtenir pour Riquilde, la paix de l'âme; et le comte de Barcelone, sous l'impression de la menace faite par le démon, insista pour laisser cette enfant de son cœur auprès du saint anachorète qui essaya vainement de s'opposer à pareille résolution. Riquilde resta seule avec lui : Satan arrivait ainsi à ses fins. Bientôt le malheureux Joan Gari n'était plus qu'un grand coupable devant Dieu; et, vaincu par la puissance infernale, l'ange de pureté qui veillait auprès de Riquilde était tristement remonté vers les cieux. Pour cacher sa faute, et croyant se soustraire ainsi aux remords dont il était assailli, Joan Gari eut recours à l'as-

mon double itinéraire, m'a donné encore des renseignements nombreux, qu'il trouvera consignés au cours de cet ouvrage.

(Note de l'Auteur)

sassinat : puis, il ensevelit le corps de sa victime dans une des grottes de la montagne. Mais le désespoir était là, suivant de près le crime et devançant le repentir : la vie devint à charge à Joan Gari, il voulut mettre fin à ses jours. Déjà il se balançait au bord du précipice dans lequel il allait se jeter, quand son regard se fixa une dernière fois sur l'ermitage dont la vue lui rappelait tant d'années de béatitude : son âme fut touchée par la grâce ; la Vierge clémente dont il avait été le fidèle gardien le sauva de l'éternelle damnation et, les yeux noyés de pleurs, il courut s'agenouiller aux pieds de la Madone, confessant son péché, puisant dans l'intercession de celle qui est aussi le Refuge des pécheurs, la force de repentance, l'espérance du pardon. Semant sur le chemin ses larmes, ses souffrances, Joan Gari alla, pieds nus, jusqu'à Rome où le vicaire de Jésus-Christ, qui seul peut délier certains cas réservés, le releva de ses iniquités sous la condition qu'il retournerait au Montserrat pour y vivre à l'état de bête, rampant sur les genoux et sur les mains, sans autre consolation que la prière mentale, en attendant que la miséricorde de Dieu se manifestât par une éclatante révélation.

« Joan Gari accomplissait depuis six années révolues la terrible pénitence que le pape Adrien III lui avait imposée : il se traînait sur les cailloux roulants, à travers les ronces et les broussailles, fuyant l'aspect de l'homme et contraint de renfermer dans son cœur, sans approcher des saints autels, les élans de sa contrition; sa barbe et sa chevelure démesurément développées formaient autour de sa tête une véritable crinière, son corps était couvert de poils rudes et fauves qui lui servaient de vêtement. Un jour, Wilfrid le Velu chassait avec les nobles de sa cour aux environs du Montserrat, où le guidait surtout le souvenir de sa fille Riquilde, disparue ainsi que Joan Gari sans que les plus actives recherches eussent permis de rien apprendre sur leur sort. Suivant la piste d'un sanglier, les seigneurs avaient franchi le torrent de Vall-Mal, lorsque les chiens tombèrent en arrêt devant un animal étrange qui, épuisé de fatigue, semblait attendre avec résignation le coup fatal de la pique ou du javelot. On aimait alors à conserver vivants les animaux qui, par leur forme ou par leur pelage, sortaient de l'ordinaire et les résidences princières ou seigneuriales possédaient de vastes ménageries renfermant les bêtes les plus rares, des monstres innommés. Jamais on n'avait vu quelque chose qui pût se comparer à la proie dont la meute allait faire curée ; il fallait la prendre vivante. Repoussant de l'épieu et du fouet les chiens qui aboyaient furieusement, les chasseurs se saisirent de l'animal inconnu et, après l'avoir garrotté, ils l'emmenèrent avec eux pour en faire le plus bel ornement des basses-fosses du palais de Barcelone.

« Enfermé dans une cage de fer, Joan Gari occupait depuis plus d'un an sa place dans la rangée des bêtes curieuses que le comte Wilfrid le Velu faisait admirer à ses hôtes, lorsqu'à la fin d'un banquet donné à l'occasion du baptême de Ranulfe, l'héritier longtemps attendu que la comtesse Guinilde venait de mettre au monde, on imagina pour amuser les convives de faire monter dans la salle du festin le monstre du Montserrat. L'enfant reposait sur les genoux de sa mère dans cette admirable attitude dont le pinceau ne peut pas reproduire la sublime expression : dès que l'animal fut entré le nouveau-né se soulevant au milieu de ses langes prononça distinctement, en langue catalane, les mots dont la traduction est celle-ci : « Lève-toi, Joan Gari, Dieu t'a pardonné ! »

« Tous les assistants étaient frappés de stupeur;

et Wilfrid le Velu crut d'abord que c'était là encore quelque œuvre du démon. Cependant Joan Gari se leva, puis écartant de son front l'épaisse crinière sous laquelle ses traits humains étaient restés cachés, il avoua son crime et dit aussi les tortures de son expiation. Alors, le comte de Barcelone, s'inclinant devant la volonté de Dieu dont la miséricorde venait d'être miraculeusement interprétée, accorda lui aussi son pardon à l'assassin. Il décida qu'on partirait le lendemain au point du jour pour aller chercher au Montserrat les restes de sa fille infortunée. Joan Gari, dépouillé de sa toison et revêtu de nouveau du froc monacal, les accompagna sur la montagne et désigna la grotte dans laquelle il avait enseveli sa victime. A peine la pierre qui en fermait l'entrée eut-elle été écartée, que Riquilde, s'éveillant d'un tranquille sommeil, sortit du tombeau radieuse de beauté. Suspendue au cou de son père ivre du bonheur de la retrouver vivante, elle le suppliait, au nom de la Vierge très pure, d'oublier le passé et de permettre qu'elle consacrât ses jours à la Madone qui l'avait sauvée des flammes de l'enfer en l'arrachant aux étreintes de la mort.

« Le comte Wilfrid, malgré tout ce qu'il en coûtait à sa tendresse, se rendit aux prières de sa fille bien-aimée et il retourna seul à Barcelone, laissant Riquilde avec ses dames et une escorte de chevaliers, sur la montagne de Montserrat.

« Le vœu de l'évêque Gottomar allait être réalisé : l'édification du Monastère fut aussitôt commencée et les travaux, activement poussés, menèrent promptement l'œuvre à bonne fin. Wilfrid le Velu y installa des religieuses bénédictines de Saint-Pierre-des-Puelles de Barcelone et leur donna pour abbesse sa fille Riquilde.

« Quant à Joan Gari, il s'était retiré dans la grotte qui l'avait abrité sous ses dehors de bête sauvage et il se livrait aux exercices de la plus rigide pénitence. Plus tard il se donna au monastère, suivant un pieux usage des chrétiens des premiers siècles, et la communauté lui confia le soin de la sacristie et de tout ce qui concernait l'accueil à faire aux pèlerins. Enfin, dans le courant de l'année 898, Dieu rappela à lui cette âme repentante dont les expiations avaient lavé les souillures et qui montait au ciel avec l'auréole de ses grandes vertus.

« De tout ce que la piété de Wilfrid le Velu, comte de Barcelone et celle de ses successeurs Miron,

Sunyer, Séniofrid, Borrell, Raymond, Berenger et autres, avaient élevé sur le Montserrat en l'honneur de la Vierge brune de Jérusalem, il ne reste plus qu'un portail byzantin et un tronçon de cloître gothique, quelques colonnes soutenant des arcades ogivales. Les constructions que l'on voit aujourd'hui remontent aux dernières années du seizième siècle et elles n'ont subi que les restaurations rendues nécessaires par les injures du temps et surtout par les dégradations majeures, résultant des guerres dont la Principauté de Catalogne a été si souvent le théâtre.

« Le monastère posé au bord du précipice, est un édifice grandiose, de pierre rougeâtre, élevé de neuf étages au-dessus du sol : il présente une série de salles froides et nues, de longs couloirs et des cellules uniformes dont les étroites fenêtres, garnies de balcons de fer dans les rangées supérieures, percent, comme des meurtrières, ses sévères façades. Des religieux bénédictins vivent là, sous la direction d'un abbé mitré et une trentaine d'écoliers les secondent pour la célébration journalière des offices de la sainte Vierge Marie. L'église se trouve resserrée entre le monastère et les parois presque verticales de la montagne : au cloître la précède et sa façade de granit est percée d'une large porte qu'abrite une double corniche soutenue par des colonnes d'ordre corinthien. Les Rois Catholiques, Isabelle de Castille et Ferdinand d'Aragon, avaient fait poser la première pierre de cette église dans le courant de l'année 1489, mais les vicissitudes des temps ne permirent pas de continuer alors les travaux, qui restèrent suspendus pendant plus de soixante ans.

« En l'année 1513, un pauvre laboureur des environs de Balaguer offrait au monastère son fils, un enfant de sept ans, qu'il avait fait vœu de consacrer au service de la vierge du Montserrat : cet enfant se distingua bientôt, entre tous les écoliers ses camarades, par son intelligence, sa docilité et son application. Ses études terminées, il prononça ses vœux et, en l'année 1559, il était élevé à la dignité abbatiale dans le couvent qui l'avait accueilli. Dom Garriga fit reprendre aussitôt l'œuvre interrompue et il put, avec l'aide de Dieu, la parachever. Le 2 février 1592, l'évêque de Vich consacrait ce temple à la Vierge, patronne de la Catalogne. Une nef, mesurant soixante mètres de longueur sur vingt de largeur et vingt-deux d'élévation, compose le vaisseau, et douze chapelles latérales, enchâssées dans les murs, sont rangées, six de chaque côté, sous l'invocation de saint Louis, roi de France, de saint Ignace de Loyola, de l'Immaculée Conception, de saint Bernard, de sainte Scolastique, de saint Joseph, de sainte Gertrude, de la sainte Famille, de saint Sébastien, de la Vierge des Douleurs, de saint Benoit et de sainte Anne : c'est dans cette dernière chapelle qu'on garde la réserve et qu'on donne la sainte communion. Le maître-autel se détache, dans sa forme sévère, au milieu de l'abside arrondie : le chœur qui l'entoure est orné de boiseries finement ciselées. C'est derrière le maître-autel qu'est placée la niche renfermant la statue miraculeuse de la Madone de Montserrat : cette statue est faite en bois de cèdre du Liban, d'une teinte noirâtre, et elle porte encore la trace de dorures orientales. La Vierge couronnée est représentée assise sur une chaise curule, avec l'enfant Jésus posé sur ses genoux : sa main gauche est appuyée sur l'épaule de son divin fils et sa main droite soutient le globe du monde, qu'elle montre à celui qui devait en être le Rédempteur : l'expression du visage de la mère sans tache, est admirable de douceur, d'inspiration, de majesté ; on comprend que c'est bien là une œuvre extraordinaire, modelée par un saint qui avait vu de ses yeux la Reine des Apôtres. La niche est contiguë au *Camarin* ou cabinet où l'on garde les débris des richesses incalculables disparues à l'époque de l'invasion napoléonienne et sous le semblant de règne de Joseph Bonaparte. On peut aller de la sacristie au *Camarin* et à la niche, par un escalier tournant qui permet aux fidèles de s'agenouiller aux pieds mêmes de la statue et de toucher de leurs lèvres les bords de son manteau.

« Plus de cent mille pèlerins visitent chaque année le monastère du Montserrat mais l'affluence est surtout grande le 8 septembre, jour consacré plus particulièrement au culte de la Madone de Jérusalem, aussi bien sur la montagne déchiquetée de Catalogne que dans d'autres églises du monde chrétien, notamment à Barcelone, à Cervera, à Vich, à Manresa, à Lérida, à Madrid, à Lisbonne, à Vienne, à Prague, à Rome, à Naples, à Palerme, à Paris, à Rouen, à Lyon, à Toulouse, en Sardaigne, au Mexique, au Chili, au Pérou et jusqu'en Australie.

« Les armes de la communauté portent une montagne dentelée, surmontée d'une scie engagée dans une de ses cimes. Sur les médailles commémoratives, on voit d'un côté l'image de la Vierge et de l'autre l'effigie de saint Benoît: la Vierge est assise au-devant de la montagne, ayant un petit ermitage à gauche et la scie armoriale à droite; saint Benoît est debout, une croix dans la main gauche posée sur un écu où sont gravées les lettres initiales d'un exorcisme et d'une invocation.

« Autour du monastère se groupent les bâtiments spécialement affectés au logement des visiteurs : une hôtellerie, des restaurants, des auberges, dont les prix sont tarifés. Des remises, des écuries sont ouvertes à tous ceux qui ont un véhicule à placer à couvert, des bêtes de trait ou de somme à mettre à l'abri. De plus, le monastère offre gratuitement aux pèlerins des centaines de chambres meublées, une série d'appartements complets, des cuisines, des réfectoires, tout cela pour un séjour de trois fois vingt-quatre heures au maximum, les visiteurs, s'ils le veulent et si leurs moyens le leur permettent, restant libres de répondre à cette généreuse hospitalité par une aumône dont le produit est exclusivement destiné à l'entretien et à l'amélioration de ce caravansérail chrétien.

« Un grand jardin est attenant aux constructions diverses dont le couvent est formé : dans la muraille de roche qui l'entoure, on a ménagé une large ouverture, le Balcon des Moines, d'où l'on découvre de vastes horizons.

« Cinq chapelles éparses, dans la plupart desquelles on célèbre chaque jour les saints mystères, sont ouvertes à la dévotion des pèlerins : c'est d'abord, auprès du monastère, sur la rive droite du torrent de Vall-Mal, la chapelle de la Vierge, qui recouvre la grotte dans laquelle la statue miraculeuse resta cachée pendant plus d'un siècle et demi ; cette chapelle, reconstruite par les soins et aux frais de la pieuse marquise de Tamarit, vers le milieu du dix-septième siècle, eut beaucoup à souffrir pendant la guerre de l'Indépendance, et il y a à peine une vingtaine d'années qu'elle a été rendue au culte après avoir été complètement restaurée. On voit un peu plus loin, sur le chemin de Collbato, dans un état piteux de délabrement, la chapelle de Saint-Michel, construite dès le troisième siècle de l'ère chrétienne, sur les ruines d'un temple de Vénus. Vis-à-vis de cette chapelle, au delà du torrent, on aperçoit, à petite distance l'une de l'autre, la chapelle de Saint-Acisclo et celle des Apôtres : c'est dans la première que la statue de la Vierge de Jérusalem, retrouvée sur les indications des bergers d'Olesa, avait été déposée provisoirement par l'évêque Gottomar et confiée à la garde du moine Joan Gari : la seconde, date du seizième siècle et n'a été rendue au culte qu'il y a une trentaine d'années. La chapelle de Sainte Cécile, située à environ une heure de marche du monastère, à droite du chemin de Casa-Massana, est un bel édifice de style byzantin : elle fut fondée par Charlemagne en commémoration de la victoire qu'il avait remportée près de là, sur les Maures, au château de Mas Marro, le 22 novembre de l'année 797 ; et, après avoir subi de nombreuses modifications durant le cours des siècles, elle fut mise, il y a vingt ans, dans l'état où elle est aujourd'hui.

« On ne trouve sur le Montserrat ni cours d'eau permanent, ni cascades écumantes ; mais on y rencontre à chaque pas, surtout auprès du Rocher des Fleurs, des sources qui se montrent un instant pour disparaître bientôt dans des fissures que l'on désigne en langue catalane sous le nom de *Pohetons*, les Petits-Puits. Il y a aussi un grand nombre de fontaines aux eaux pures, abondantes et d'exquise fraîcheur : les principales sont celles du Portail, du Raco, de Sainte-Cécile, de l'Olivier, de la Lumière, des Grottes, du Naps de Dalt, de la Cadirela, des Coloms, de Sainte-Marie, des Moines, du Releix de Mungros, de la Cajoleta, de la Massanera, et du Coll de Port. On voit enfin, au-dessus de la route de Casa-Massana, dans une grande cuvette de granit, un réservoir alimenté par une pluie de gouttelettes que distille une voûte rocheuse : ce sont les *Déyotalls*, les Gouttières, que les guides ne manquent par de signaler à l'attention des visiteurs.

« Les produits minéralogiques de la montagne, s'ils existent, ne sont pas connus : on se borne à exploiter deux belles carrières de marbre blanc, situées, l'une aux abords du chemin de Casa-Massana, l'autre au pied de la *Foradada* sur les rives du Llobrégat. Par contre, la flore est des plus riches et le catalogue, qu'on peut consulter à la Bibliothèque du monastère, désigne près de cinq cents plantes médicinales dont les noms y figurent en latin, en espagnol et en catalan.

« La descente dans les grottes est des plus intéressantes ; mais le sentier qui y mène en partant du monastère, est âpre et difficile quoique corrigé sur certains points par des échelles de bois et des escaliers de briques : un groupe de rochers couverts de plantes aromatiques cache l'entrée des grottes, clôturée par une grille de fer.

« La première grotte, l'Amphithéâtre, est surchargée de cristallisations. Un bloc énorme, suspendu à la voûte et qui semble toujours sur le point de se détacher, la coupe en diagonale à mi-hauteur. Un couloir naturel, à gauche de ce bloc, donne accès à la deuxième grotte, la Grande, véritable fouillis de pierres et de fossiles confondant leurs capricieuses configurations : à l'extrémité de cette grotte, à gauche et à une dizaine de mètres de hauteur, se trouve une excavation que l'on atteint au moyen d'une échelle ; c'était la retraite du célèbre Mansueto, l'un des plus fameux Guerrilleros catalans de la guerre de l'Indépendance, qui, servant plus tard la cause du roi légitime Charles VI, mourut fusillé par les Isabellistes, dans une ferme, aux portes de Bacarrisas.

« On va de la deuxième grotte à la troisième, par une galerie, dite des Papillons à cause de la quantité de ces lépidoptères qui voltigent dans l'ombre de ces lieux. Au bout de la galerie, il faut passer en rampant sous un arceau, pour aller admirer les chefs-d'œuvre de la nature que contient la troisième grotte, à laquelle on a donné le nom de Cathédrale, parce qu'elle reproduit en miniature la

Mosquée de Cordoue. Une autre galerie, partant de la grotte de la Cathédrale, aboutit à la quatrième, le Temple Gothique, ainsi désignée en raison de son style ogival, de son porche, de sa nef et de son chevet : cette grotte est sans issue. Il faut revenir sur ses pas et bien veiller à ne pas se laisser tomber dans le Puits du Diable : on descend, par un escalier à pans coupés d'une soixantaine de marches, au milieu d'un épouvantable chaos de rochers : une série de cavités, réunies l'une à l'autre par des échelons, conduit à un couloir qui va s'élargissant et au fond duquel se trouve la cinquième grotte, le Montserrat, où une agglomération calcaire retrace la parfaite image de la montagne sciée. On monte ensuite, par un escalier de treize marches, à la sixième grotte, le *Camarin*, qui est hérissée d'incomparables stalactites et dans laquelle la cristallisation des eaux a formé, entre autres fantaisies, une palme ouverte, délicieusement découpée, sous une voûte où les suintements ont tracé de riches arabesques. On se heurte, dans la galerie suivante, à un grand bloc figurant exactement un éléphant au repos, la trompe baissée, et portant sur le dos une tour quadrangulaire. De là, on passe à la septième grotte,

11

les Cascades, dont l'élévation est prodigieuse; ce sont des nappes pétrifiées qu'on dirait être autant de chutes d'eau suspendues en franges de glaçons : paysage des côtes scandinaves au plus fort de l'hiver.

« Un passage dangereux, les Barricades, donne accès à la huitième grotte, le Salon des Colonnes, qui sert d'antichambre à la neuvième et dernière grotte, le Pavillon de la Vierge, aux stalactites rouges et blanches, épanouies comme des corbeilles de fleurs sous un plafond de pendentifs étincelants : les infiltrations ont formé là un petit réservoir dont le trop-plein s'écoule dans des profondeurs inconnues. Le sol est glissant, le passage périlleux ; mais, chose digne de remarque. à si grande distance de l'air libre, aucun miasme ne se produit, on respire à l'aise et les torches brûlent sans difficulté.

« L'exploration des grottes n'a pas encore été poussée plus avant ; mais, d'après toutes les apparences. les cavités se ramifient certainement d'une extrémité à l'autre de la montagne. Il faut donc, pour le moment, revenir du Pavillon de la Vierge au Puits du Diable, à travers les mêmes dédales, pour regagner les galeries supérieures et revoir enfin la lumière du jour.

« La visite des Ermitages et une ascension jusqu'au point culminant, sont le complément obligé de toute excursion au Montserrat. On part du monastère, en remontant la gorge de *Trenca-Barrals*, et on arrive d'abord à l'Ermitage de Sainte-Anne, où les anachorètes avaient coutume de se réunir pour célébrer en commun les fêtes de l'Église, présidées par leur Supérieur qui avait là sa résidence. L'Ermitage de Saint-Antoine s'abrite plus loin sous le rocher en pyramide de Caball-Bernat : on descend ensuite dans le cirque où sont groupés les Ermitages de Saint-Sauveur, de la Très-Sainte-Trinité, de Saint-Dimas le Bon Larron, de la Sainte-Croix et de Saint-Benoît. Traversant, près de là, le torrent de Vall-Mal, on rencontre, au milieu des rochers de Saint-Jaume, les Ermitages de Saint-Jacques, de Saint-Jean, de Saint-Onofre, de Sainte-Magdeleine, et de Sainte-Catherine. L'Ermitage de Saint-Jérôme est situé à trois mille mètres environ du monastère, dans la partie la plus élevée de la montagne : un écho remarquable s'y fait entendre, reproduisant trois fois les mots que l'on prononce en mettant la bouche contre terre : d'abord c'est un ton parfaitement identique à l'émission ; la seconde fois, la note est plus faible et, à la troisième, l'onde sonore reprend l'intensité première, si elle ne la surpasse pas : après cela, ce n'est plus qu'un murmure qui se perd au fond du précipice.

« De l'Ermitage de Saint-Jérôme, on gagne en quelques pas, le dernier sommet que couronne la Gloriette, élégante coupole posée sur de larges arcades, l'un des plus beaux observatoires que l'on puisse imaginer. Le regard embrasse, aux quatre vents, des horizons infinis : on a sous les pieds, comme l'a dit un poëte espagnol, un bouquet de montagnes, une montagne de bouquets.

« L'ombre du Montserrat couvre les Bains de la Puda, Olesa, Collbató et le vieux Monistrol : on domine Manresa, Calaf, Cervera, Igualada, Tarrasa, Sabadell, Barcelone, Arenys et Mataró : on plonge dans les vallées, coupées et traversées par les voies ferrées de Granollers à Vich, de Barcelone à Lérida, de Martorell à Tarragone, de Réus à Vimbodi, et qu'arrosent le Ter, la Tordera, le Bésos, le Marlés, la Gavarresa, le Calders, le Llobrégat, la Noya et le Francoli : on reconnaît distinctement les riches plaines du Panadés et les plateaux calcinés de Llusanés : on voit, plus loin, les Llanos d'Urgel baignés par la Sègre, la Conca de Tremp, sillonnée par la Noguera; Pallaresa, les Monegros d'Aragon que l'Ebre délimite et les terres fertiles du Maeztrazgo, entre Gandesa et Vinaroz; on passe en revue es monts de la Catalogne, San Llorens del Munt, Tibi-Dabo, Montsény, Roca Corba, Puig de Calm, Munt Tag, Munt Sant, et Puig de Munt agut; la chaîne des Pyrénées, avec le Canigou, forme au nord un rideau de neiges éternelles et la Méditerranée, sur laquelle se dessinent, comme trois nuées, les lignes vaporeuses des îles Baléares, étend à l'Orient la nappe de ses flots, dont le bleu se confond avec l'azur du ciel. »

Rien de bien intéressant à citer de Monistrol à Manresa. A l'entrée de la ville j'ai cru voir se dresser l'ombre de saint Ignace. Un pont romain, dont l'arche centrale est très élevée, traverse le Cardoner. L'église collégiale, sur le point culminant de la ville, est un beau monument semi-gothique surmonté d'une tour carrée.

Nous montons toujours et, à San Guim, nous atteignons le point le plus élevé de la ligne, sept cent trente-cinq mètres d'altitude. Il fait naturellement très froid, ainsi que cela arrive toujours dans les pays chauds. Ceci n'est point un paradoxe hélas ! On ne saurait porter des vêtements trop épais partout où l'on croit naïvement devoir utiliser l'ombrelle blanche. Qui a beaucoup voyagé dira si j'ai tort.

Nous voici à Lérida ! Ici j'entends les violons français. Déjà, au XVII° siècle, on plaisantait comme on le fit plus tard, en criant : A Berlin ! Il fallut lever le siège sans violons, et on célèbre cette délivrance, à Lérida, le jour de la Sainte-Cécile. Nos troupes prirent leur revanche le 12 octobre 1707 et le 13 mai 1810. Partout, en Espagne, on trouve la trace laissée par nos divers drapeaux. A quel degré de gloire et de puissance serions-nous arrivés si nous n'en avions pas changé !

Du haut de la tour de la vieille cathédrale on jouit d'une vue splendide. Une belle vallée, de soixante-douze kilomètres du nord au sud, sur douze de l'est à l'ouest, est couverte d'oliviers et d'arbres à fruits ; de nombreux villages apparaissent, contre la coutume ordinaire en Espagne, et la Maladetta détachant sa cime, de la chaîne des Pyrénées, vient couronner ce vaste panorama. Cette vieille cathédrale abandonnée est un magnifique reste de l'architecture byzantine-gothique mélangé d'arabe ; le cloître en est encore fort beau. Dans la cathédrale nouvelle on a la prétention de conserver un saint lange qui aurait enveloppé l'enfant Jésus dans l'étable de Bethléem.

Dans les annales de cette église, on trouve qu'elle revendique Alphonse de Borgia, devenu pape en 1451 sous le nom de Calixte III ; que saint Vincent Ferrier y prêcha, avec titre de prédicateur et place au chœur ; l'infant Don Sanche, fils du roi don Jacques le conquérant, en fut chanoine et administrateur sacristain ; Don Pedro, frère du même roi don Jacques, en fut également chanoine. L'évêque et cardinal Jean Portieuse a aussi des titres dans les archives de cette même cathédrale.

Il faut encore voir l'église de San Lorenzo, construction massive, avec ses chapiteaux en pierres brutes ; puis il ne reste plus au voyageur qu'à reprendre le train pour Saragosse.

A Monzon, se réunissaient les Cortès d'Aragon et de Catalogne ; le château qui domine la ville avait été cédé aux Templiers, en 1143, par le comte Raymond Bérenger. De ses créneaux on voit soixante villages dans les deux vallées du Cinca et du Sosa. Le Cinca transporte les bois de charpente, abattus dans les Pyrénées et que l'on expédie aujourd'hui, de Monzon par le chemin de fer.

Nous débarquons, à l'*Arrabal*, faubourg d'Altabas d'où l'on arrive à Saragosse, la *siempre heroica*, par un beau pont de pierre.

Saragosse remonte à une très haute antiquité et se nommait *Saldaba* lorsque, en l'an 728 de la fondation de Rome, Auguste vint en Espagne, l'érigea en colonie romaine sous le nom de *Cesarea Augusta* et en fit « la plus brillante des villes intérieures de l'Espagne tarragonaise », comme le dit Pompilius Mela. Les Goths en firent *Cesaragosta*; puis vinrent Tarif et Musa et la ville arabe de *Saracusta* devint la rivale de Cordoue et de Tolède, le chef-lieu de l'une des cinq provinces de l'empire des Maures. Menacée par Charlemagne avant la sanglante retraite de Roncevaux, elle resta au pouvoir des kalifes jusqu'au moment où les chrétiens, envahissant peu à peu la Navarre et l'Aragon, firent de Saragosse la capitale de ce nouveau royaume.

Il reste peu de traces de ces époques dans la ville actuelle, dont on peut cependant reconstituer les diverses enceintes si on la contemple ainsi que ses environs, du *Salon*, la promenade à la mode. Le *Corso*, vaste boulevard circulaire, marque l'enceinte primitive de la *Cæsarea Augusta* des Romains.

C'est là que se trouve le plus grand nombre des vieux palais, dont les plus remarquables appartenaient aux comtes de Sastago, aujourd'hui aux marquis de Monistrol, et aux Torellas. Les *patios* sont admirables et il faut voir surtout celui de la *Casa de la Infanta*, toujours sur le *Corso*. Les petites rues sombres et tortueuses regorgent de vieux palais abandonnés, aux fines sculptures, aux élégants portiques, sous lesquels on remise aujourd'hui de mauvaises tartanes et qu'occupent des familles de mendiants. C'est un peu comme cela, du reste, dans toute l'Espagne.

Parmi les édifices publics, il faut admirer l'intérieur de la *Lonja*, Bourse, et la *Torre Nueva*, ou Tour penchée qui vous ramène à Pise, avec cette différence que la tour de Saragosse a quatre-vingt-quatre mètres de hauteur sur douze mètres soixante de largeur à la base. Elle penche au sud-ouest et surplombe sa base de deux mètres cinquante. Elle est octogone, construite en briques, et rappelle dans son ornementation les styles gothique et arabe. Elle a été élevée en 1504 par les Jurats de Saragosse, pour porter l'horloge de la ville. Elle a immortalisé son architecte Gabriel Gamboa.

Entrons dans la cathédrale de San Savaldor, plus connue sous le nom de la *Seo* qui est adopté en Espagne, comme en Portugal, pour désigner le siège épiscopal de la ville. *Seo* est, paraît-il, une expression de l'idiome limousin, *Seo* ou *Seu*, siège. La tour, très belle, et la façade ne rappellent nullement son origine romaine. L'intérieur est très curieux, avec ses cinq nefs séparées par de beaux piliers gothiques; une vaste coupole en forme de tiare s'élève au-dessus de la *Capilla mayor* qui fut reconstruite par le Pape Benoît XIII, Aragonais de l'illustre maison de Luna dont le palais existe encore sur le *Corso*. Il y a une profusion d'ornements dans cette église et il faudrait être un vrai *Guide du voyageur* pour les décrire. Je me bornerai à dire que la *Seo* doit être visitée et qu'il faut voir surtout, dans les trésors de cette cathédrale, la croix gothique sur laquelle les rois juraient d'observer les *fueros* d'Aragon, ainsi que plusieurs ornements fort curieux.

Il faut encore visiter la paroisse souterraine de *Santas Moras* où sont déposés les restes des nombreux martyrs des premiers siècles de l'Eglise, et *Santiago*, dont le retable représente l'apparition de la Vierge, remettant la sainte image à l'apôtre saint Jacques.

Mais ce que l'on vient voir surtout à Saragosse, c'est l'église de *Nuestra Señora del Pilar*. C'est là que fut déposée il y a dix-neuf siècles, par le grand apôtre, patron des pèlerins, l'image de la Vierge qui lui avait désigné le lieu où il devait lui élever une chapelle. Ce modeste oratoire eut, dans le principe, huit pieds de large sur seize de long ; il fut agrandi toutes les fois qu'il fut renversé. Vers la fin du XVIIe siècle, ce célèbre sanctuaire, occupait le centre d'un cloître entouré de chapelles et ce n'est qu'en 1681 que l'on commença l'immense basilique qui existe aujourd'hui, grâce aux dons sans nombre qui sont faits depuis longtemps et dont on ne réserva, pour le trésor du sanctuaire, que les plus merveilleux et les plus rares. La chapelle actuelle forme un petit temple dans le grand, et l'image vénérée, sur son pilier de marbre, disparaît sous les riches ornements dont elle est couverte. De belles colonnes de marbre supportent la voûte formée de quatre coquilles gigantesques et, du haut, pendent de vieux étendards pris sur les Maures, peut-être à cette fameuse bataille de Clavijo où la légende veut que saint Jacques soit apparu, chargeant l'ennemi et contribuant à le mettre en déroute.

De véritables richesses sont accumulées dans cette petite enceinte où de nombreuses lampes brûlent sans cesse, et où la foule des pèlerins se presse sans discontinuer.

C'est Lourdes, c'est Notre-Dame de Fourvières, c'est Notre-Dame de la Garde, c'est tout cela pour les pieuses populations du nord de l'Espagne. Avant de quitter la cité de *Nuestra Señora del Pilar* il faut visiter l'*Alfajeria* qui est à une faible distance de la ville. L'ancien palais des rois maures, habité par les Rois Catholiques qui l'avaient magnifiquement restauré, a été un couvent et est devenu une caserne. Voilà la marche constante de notre civilisation : tout se résume dans le gendarme !

Des rois maures, il reste dans l'*Alfajeria*, une petite pièce octogone que l'on dirait enlevée tout entière à l'Alhambra.

Des Rois Catholiques, on retrouve une suite de magnifiques plafonds, surtout celui de *La Alcoba*, la chambre où naquit, en 1271, la fille de Don Pedro III et de Constance de Sicile qui fut reine de Portugal et canonisée sous le nom de sainte Isabelle.

Nous avions vu dans un des vieux quartiers de la ville, la maison qu'habita Ernani ; c'est dans l'*Alfajeria* que se passe une partie de l'action du *Trovatore* et elle se continue dans le château de Castejar que l'on aperçoit sur les pentes de la sierra voisine.

Je n'écris pas l'histoire de Saragosse mais, rappelant la vaillance de ses habitants, je l'ai saluée, en y entrant, du nom bien acquis de *siempre heroica*. On sait que rien, dans l'histoire moderne, n'a ressemblé au siège qu'elle a soutenu en 1808, et que Numance ou Sagonte peuvent seules, dans l'antiquité, rappeler de pareils exploits ; aussi le drapeau de la milice de la ville a-t-il été justement décoré du collier de l'ordre de Saint-Ferdinan d.

Il est temps de partir pour Madrid. Nous ne sommes qu'à deux cent soixante-quatorze mètres d'altitude, il fait un froid terrible et nous allons faire une rude ascension ! En Espagne, je l'ai dit déjà, peu de choses sont faites pour le voyageur ; les express ne circulent généralement que la nuit ; à peine y a-t-il pendant le jour un *correo* marchant à vingt kilomètres à l'heure et faisant toutes les stations. Heureux quand on n'est pas réduit à un *mixto*, c'est-à-dire un train de marchandises, marchant... aussi vite que les *correos* mais s'arrêtant beaucoup plus longtemps et partout. Il faudra cependant que l'on se décide à changer tout cela, à avoir des hôtels un peu propres et à ne plus mettre de l'ail partout.

En attendant... partons pour Madrid, si nous voulons y arriver. Nous allons rejoindre la voie ferrée à la station de la porte *del Carmen*, nous repassons devant l'*Alfajeria* et nous remontons le cours du Jalon que l'on a appelé le « Nil aragonais », je ne sais trop pourquoi.

A Rueda, qui fut le *Rota* des rois maures, on commence à voir quelques habitations percées dans les rochers formés par des bancs de craie. Elles sont plus nombreuses à Epila, à Salillas, Riela et Calatayud. Dans cette dernière ville, le quartier souterrain qui la domine et qui est habité par les pauvres gens, existait déjà du temps des Maures : on le nomme encore *la Moreria*.

La route est très curieuse, les travaux d'art y sont nombreux, la vallée est riante et fertile, ses fruits sont renommés. Calatayud est la seconde ville de l'Aragon ; ses fortifications datent de la domination arabe. Nous sommes en pleine *Sierra de Nicor*, mais seulement à cinq cent vingt-cinq mètres, et nous n'avons pas terminé notre ascension.

Si vous êtes un voyageur vraiment digne de ce nom, vous vous arrêterez à Catalayud où l'on trouve des moyens de transport pour se faire conduire au vieux couvent de Piedra, à vingt-cinq kilomètres de la station. Il fut fondé au XIII° siècle par des moines de Citeaux. C'est moins les richesses sculpturales de plusieurs époques qui y sont entassées, qui attirent les rares touristes, que la *rivière des cascades* avec ses propriétés pétrifiantes extraordinaires. Les plus remarquables des dix-huit cascades sont celles du *Trône*, de la *Queue de cheval*, au dessous de laquelle on admire une grotte, véritable cathédrale gothique ; la *Gracieuse*, la *Trinité*, etc., etc.

Avec ces cascades, il y a aussi des grottes merveilleuses et le voyageur ami des spectacles étranges, ne regrettera pas d'avoir interrompu son voyage.

Nous arrivons à Ateca dont le sol de l'église a la propriété de conserver les corps. La vieille tour arabe, qui est tout à côté, appartenait au château d'où le Cid expulsa les Maures en 1173.

De ponts en tunnels, cotoyant toujours le Jalon,

nous faisons halte à *Alhama d'Aragon* dont le nom arabe signifie bains. Des sources très considérables attirent plus de trois mille malades par an, dans cette petite localité fort pittoresque. Bon pour les névralgies et les rhumatismes !

Ariza est la dernière station de l'Aragon et, vers *Monréal*, nous entrons dans la Nouvelle-Castille, c'est-à-dire que nous rencontrons d'immenses plaines aux teintes jaunes et désolées. A *Arcos de Medinaceli* nous sommes à huit cent vingt-cinq mètres et nous gravissons des rampes de quatorze millimètres, pour aborder les premiers contreforts de la *Sierra de Muedo*.

Medinaceli a donné son nom à l'une des plus illustres familles d'Espagne. Le *Guide* dit que les hivers y sont froids et neigeux et le *Guide* dit bien, car si nous montons toujours depuis Saragosse, si nous atteignons ici, mille treize mètres d'altitude, le baromètre, lui, descend toujours et nous ne sommes pas en haut, mais nous y arrivons au tunnel d'Horna sous lequel se trouve le point culminant de la voie, à une altitude de onze cent dix-neuf mètres et à la ligne de partage des deux bassins : le Jalon qui se jette dans l'Ebre et le Hénarés qui se jette dans le Manzanarez lequel se jette..... mais n'en disons pas de mal et voyons plutôt quels sont les points plus élevés que traversent les voies ferrées en Europe.

En première ligne il faut placer le tunnel de la Cañada, sur la route de Madrid à Hendaye, à 1.360 mètres. Le Brenner, entre Innsbruck et l'Italie, à 1.306 mètres, le dispute de bien peu à l'Aarlberg, d'Innsbruck en Suisse, qui atteint 1.302 mètres à Saint-Anton, à la sortie du tunnel. Vient ensuite le tunnel de la Perruca, au point culminant de la ligne des Asturies, à 1.283 mètres, et le Mont-Cenis qui atteint 1.258 mètres à Bardonèche ; enfin Airolo, à l'entrée sud du tunnel du Saint-Gothard, avec ses 1.144 mètres. Nous sommes ici à 1.119, puis, bien plus bas que nous, vient le Semmering à 888. Pito, dans la Basilicate à 782, Delnice, entre Fiume et Agram à 738 ; et il ne vaut pas la peine de parler des Apennins ; à Pracchia, le point le plus élevé n'est qu'à 617 mètres.

Continuons donc notre route, en faisant une courte halte à *Siguenza*, bâtie en amphithéâtre sur une colline au haut de laquelle se dresse le vieil Alcazar, devenu le Palais épiscopal. C'est une véritable forteresse entourée de murailles et flanquée de tours. Deux tours de quarante mètres dominent

Cisneros, son fondateur, le plus magnifique monument de ce genre que l'Espagne ait conservé. La grille de bronze qui entoure la chapelle, est presque aussi remarquable que le monument lui-même. Il y a encore à voir, à Alcala, le palais des archevêques de Tolède et l'Eglise *Magistrale*, la seule qui porte en Espagne ce titre qui lui a été concédé par le pape Léon X.

Alcala a vu naître l'immortel Cervantès de Saavedra, qui fut baptisé le 9 octobre 1547, dans l'église de Santa Maria la Mayor; c'est dans une petite rue, aboutissant dans la campagne, que se trouve la maison où naquit l'auteur du Chevalier de la Manche; sur une porte murée, on peut lire cette inscription du poète Quintana, dont voici la traduction :

Ici est né

MIGUEL DE CERVANTÈS SAAVEDRA

Auteur de Don Quichotte.

Par son nom et par son génie

Il appartient au monde civilisé ;

Par son berceau

A Alcala de Hénarès.

Je me demande parfois si ce n'est vraiment pas du temps et de la peine perdus que de rappeler ainsi l'histoire, au courant d'un voyage, en Espagne surtout. Jadis, avant les chemins de fer, quand il fallait circuler à pied, à cheval ou en voiture, on s'arrêtait bon gré mal gré un peu partout, mais aujourd'hui! ... On s'embarque généralement le soir, comme j'ai dû le répéter dix fois déjà, et on arrive à destination le lendemain matin : ou bien l'on prend l'express, qui ne va pas vite, ou le Sud-Express qui part de Paris pour Lisbonne, avec escale à Madrid. On y dort, on y mange, on y fume ; on arrive, on débarque, on mange de l'ail sans le vouloir et... le voyage est fait. A quoi sert donc de parler de localités, dont on connaît le nom seulement parce que, après avoir dormi, mangé et fumé, on effeuille son Guide pour se distraire ou pour se donner la contenance d'un voyageur sérieux? Mais qui s'arrêtera sur la route que nous venons de parcourir, à Siguenza ou à Guadalajara? Pour Alcala c'est différent : si on a un jour à perdre à Madrid, et on peut en avoir beaucoup pour peu que l'on y prolonge son séjour, rien n'est plus facile que de venir visiter Alcala; c'est trente et un kilomètres de route, c'est-à-dire environ cinq quarts d'heure de chemin de fer, sur la ligne de Madrid à Saragosse, de proverbiale lenteur.

15.

CHAPITRE VIII

Le tunnel de la Cañada. — Avila. — Sainte-Thérèse. — Mingorria. — Arevalo et ses poissons. — Medina del Campo. — Salamanque. — Alba de Tormes. — Zamora. — Ségovie. — L'Alcazar de Ségovie. — La Cathédrale. — Valladolid. — Son musée. — Venta de Baños. — Palencia. — Les boulangères de Grijota. — Sahagun et le couvent des Bénédictins. — Léon. — La Cathédrale. — De Léon en Galice. — Le pont de Veguellina. — Astorga. — Ponferrada. — Le royaume de Galice. — Les Galiciens. — Villamartin.

Un voyage dans la Péninsule Ibérique, si voyageur moderne que l'on soit, ne peut se borner à ce que nous avons visité ensemble jusqu'ici. En négligeant un certain nombre de points intéressants, il en est d'autres qu'il faut avoir vu, comme par exemple Salamanque, Léon, la Galice, et Santiago où l'on vénère le patron des voyageurs, sans oublier le Portugal, avec Lisbonne, la Reine du Tage. Pendant le service d'été, les chemins de fer combinent entre les diverses et nombreuses compagnies, des voyages circulaires par ces différents points où à peu près ; et l'on part ou l'on revient à son gré, par Lisbonne.

Nous continuerons, nous, notre voyage par la ligne du Nord de l'Espagne, pour le plus grand agrément des voyageurs qui nous ont suivi jusqu'à présent et qui veulent rentrer en France sans visiter le Portugal.

Il nous faut en tous cas, aller jusqu'à *Venta de Baños* d'où on revient par la ligne de Galice, si on a commencé par Lisbonne.

Nous connaissons déjà le chemin qui conduit à l'Escorial que l'on salue en grelotant, quelque chaleur qu'il fasse du reste. La rampe continue jusqu'à la Cañada dont nous avons parlé déjà en venant de Sarragosse à Madrid; toute cette route est très intéressante, aussi pittoresque que nulle autre, et il faut la faire de jour si c'est possible. On traverse d'immenses forêts, on se perd dans un labyrinthe de rochers, on rencontre des échappées de vue magnifiques jusque sur la *Sierra* de Tolède ; c'est l'entrée nord du tunnel qui est le point le plus élevé où atteint un chemin de fer en Espagne, et en Europe aussi, comme nous l'avons vu (1), il est à 1.369 mètres tandis que le plus haut sommet du Guadarama, à Navacerrada, sur la route de Ségovie, atteint 1.826 mètres. Vous comprenez maintenant

____

1. Voir page 257.

ce que peut être le climat du plateau de la Castille.

De la Cañada nous allons redescendre jusqu'au golfe de Gascogne, en suivant cependant un profil très dentelé, si on peut s'exprimer ainsi.

Nous traversons quelque tunnels encore, et d'immenses viaducs pour arriver enfin à la station d'Avila, qui est à onze cent trente-deux mètres d'altitude.

Il fait froid dans ce pays entouré de montagnes boisées ; les environs sont très beaux, dit-on, mais les moyens de les explorer sont nuls. Les maisons, en granit noir, ne sont pas gaies, mais ce que l'on vient voir à Avila ce sont ses murailles percées de neuf portes, qui furent considérées comme les plus remarquables et les plus belles du moyen âge.

La Cathédrale, en granit également, datait des rois goths et fut réédifiée en 1107 par le roi Alphonse VII. Elle est crénelée et servait d'église et d'alcazar, car on pouvait s'y retrancher et s'y défendre. C'est à Avila que naquit sainte Thérèse. Un couvent de carmélites avait été élevé sur l'emplacement de la maison de la grande sainte : on l'a sécularisé, comme on dit dans le style élégant des crocheteurs modernes, mais la chapelle du couvent est encore consacrée au culte. On voit au-dessus de la porte, le buste de sainte Thérèse, qui prit le voile dans le couvent voisin de l'Incarnation. L'église de Saint-Thomas, construite en 1432 par les Rois Catholiques et où repose leur fils, l'Infant Don Juan, mérite également une visite.

La vapeur nous emporte tranquillement à travers les campagnes désolées qui précédent *Mingorria*, vieille colonie basque. Les taureaux sauvages abondent au milieu de ces blocs immenses qui rappellent les environs de l'Escorial ; ils appartiennent au marquis de Miraflores et passent pour les plus féroces de l'Espagne.

Arevalo, dont l'aspect désolé attire à peine le regard, était autrefois une résidence royale. Aux temps jadis, le Palais que l'on retrouve vaguement au milieu de ses ruines, était habité par les Rois Catholiques, Ferdinand et Isabelle : l'empereur Charles-Quint, Philippe II son fils, les rois d'Espagne Philippe III, Philippe IV et Charles II y tinrent souvent leur cour.

Ce n'est plus aujourd'hui qu'un entrepôt de grains, l'un des grands marchés pour les blés de Castille, le centre de la production des pois chiches, ce condiment obligé du pot-au-feu espagnol.

La rivière Adaja, affluent du Duero, traverse ce territoire et ces plaines fertiles dont la richesse agricole est aussi grande que la vue en est triste. C'est dans cette rivière, aux eaux limpides et glaciales, que l'on pêche un poisson, le seul peut-être au monde qui puisse se manger frais après plusieurs mois de conservation. Ce poisson, la *Pescadilla de Arevalo*, dont les dimensions varient entre celles d'un gros anchois et d'une petite sardine, n'a besoin d'être ni salé ni fumé pour se garder longtemps. En le retirant du filet, on l'entasse dans un grenier quelconque où il se dessèche aussitôt. Lorsqu'on veut en faire usage pour l'alimentation, il suffit de l'immerger pendant quelques heures dans un récipient rempli d'eau douce et il reprend sa fraîcheur première pour être mis à la poèle comme s'il venait d'être pêché.

Il faut s'arrêter à *Medina del Campo*, où l'on quitte la ligne du Nord pour prendre la nouvelle route de Salamanque, la plus directe de Paris à Lisbonne par Coïmbre, s'il y avait coïncidence dans les trains et s'il y avait des express pour se rendre en Portugal sans passer par Madrid, ce qui est plus long mais ce qui fait les affaires de la compagnie du Nord de l'Espagne qui a de gros actionnaires en Portugal.

Medina est un embranchement important, car c'est encore de là que l'on part pour Zamora et, dans la direction opposée, pour Ségovie, mais il est probable que le train de Paris n'y passera plus, lorsque le chemin en projet, de Burgos à Madrid par Aranda et Segovie, viendra se raccorder à la grande ligne actuelle, à Villalba, au sud de l'Escorial, évitant ainsi la double rampe que nous venons de parcourir, la neige de ces altitudes extrêmes et un bon nombre de kilomètres. Seulement, quand cette ligne sera-t-elle ouverte? En Espagne, on a de grandes idées, on entreprend beaucoup de choses, on en commence beaucoup même, mais on les voit rarement terminées. Voyez plutôt une carte des chemins de fer espagnols, elle est noire de pointillés: ce pays sera plus et mieux sillonné que la Belgique ou l'Angleterre lorsqu'à ces pointillages auront succédé des lignes noires; mais quand ? Ceci est le secret des Dieux, de Plutus en particulier dont les financiers étrangers sont généralement les prophètes.

Mais voici le fameux « *Senores ol trén* » qui retentit et il faut prendre sa place pour faire les 77 kilomètres de route très insignifiante qui nous séparent de Salamanque, aussi *muy noble* et *muy leal* que coup d'autres villes d'Espagne, mais que ses richesses monumentales ont encore fait surnommer la *Petite Rome* et qui doit à son université célèbre, ce dernier surnom de *Mère des vertus, des sciences et des arts*.

Romaine ou Carthaginoise, l'origine de Salamanque est fort ancienne. Alphonse le Grand la conquit sur les Arabes, le calife Modhafer la rasa, Alphonse VII commença sa restauration et les Rois Catholiques l'enrichirent. Ses monuments, généralement construits en granit rose, font l'effet absolument contraire à ceux d'Avila ou de l'Escorial ; ils sont bien conservés et d'une grande pureté architecturale. Les murailles qui entourent encore la ville sont également percées de neuf portes ; celle de San Pablo est ornée de belles statues, mais le pont qui donne sur la porte *del Rio* est à coup sûr une des antiquités les plus curieuses de Salamanque ; il a quatre cents mètres de long et il a été réédifié sous Trajan, puis sous Adrien.

Les plus grandes familles du royaume avaient des palais dans cette ville illustre et il faut voir surtout la *Casa de las Conchas* avec ses coquilles sculptées un peu partout et son riche *patio*. Les rues sont curieuses à parcourir et la *Plaza Mayor*, vaste carré entouré de portiques, est renommée par toute l'Espagne.

Le souvenir du *Diable boiteux*, le fameux roman de Gil Blas de Santillane, vous poursuit dans cette ville, avec le Bachelier de Salamanque et les farces épicées du temps où tous les Gaulois n'étaient pas en France! Franchissons vite le seuil de la cathédrale, style gothique moderne, dont le portail est superbe. La tour qui le domine a été élevée sur le plan d'un architecte que l'on classerait peut-être aujourd'hui parmi les Incohérents; il s'appelait Churriguera et a donné son nom à une école espagnole qui s'appelle *Churrigueresque*. Il est difficile de le juger sur la tour en question, car lors du tremblement de terre de Lisbonne, en 1755, l'administration de la ville, redoutant la chute de la tour, la fit envelopper d'une forte muraille en maçonnerie! Quand j'ai entendu raconter cette singulière histoire, j'ai rêvé de Pont-à-Mousson, de Brive-la-Gaillarde, de Pézenas!... Singulière municipalité! Mais pour faire partie de l'administration, on n'est pas obligé, paraît-il, d'avoir pris ses grades à l'université de Salamanque. Rentrons dans l'église dont les proportions intérieures sont remarquables et l'ornementation très riche.

Voyez encore le *Colegio Viejo* avec son beau cloître et sa très intéressante collection de miniatures chinoises; et le couvent de *Santo Domingo* qui, contre l'usage universel, n'a pas de coro; puis nous visiterons enfin ce qui attire tout le monde à Salamanque, la fameuse *Université* qui compta jusqu'à dix mille étudiants et qui était au second rang des quatre grandes universités d'Europe : Paris, Salamanque, Oxford et Bologne. Au x11ᵉ siècle on professait déjà dans la vieille cathédrale, située non loin de celle d'où nous sortons, et on y accourait de l'Europe entière. Les professeurs furent presque tous des hommes remarquables; théologie, philosophie, médecine, littérature, musique, langues, chimie, physique, droit : l'enseignement de l'Université comprenait tout ce qui s'apprend, mais il est bien déchu aujourd'hui de ce qu'il était autrefois.

A Avila nous avons vu le lieu où naquit sainte Thérèse et le couvent où elle prit le voile. A Séville on nous avait montré son manteau : à Salamanque il faut prendre une voiture et se faire conduire à *Alba de Tormés* pour voir le tombeau de la sainte; c'est à vingt-cinq kilomètres, mais la splendeur de la chapelle vaut bien la course, très intéressante du reste.

Il faut ensuite revenir à Medina del Campo d'où l'on peut reprendre le train pour Zamora. Nous traversons d'abord les vignobles de *Nava del Rey* qui produisent un vin que l'on compare au Jerez ; puis, après la *Venta de Pollas*, l'immense forêt de chênes verts appartenant à la marquise de la Espeja, comme celle que nous rencontrons après Castro Nuño. Nous sommes sur les bords du Duero, sur la rive gauche duquel nous trouvons la petite ville de Toro qui joua jadis un certain rôle dans l'histoire et qui, à plusieurs reprises, fut la résidence des rois. Le nom de D. Pedro le Cruel y a souvent retenti : les Cortès de Castille s'y réunirent parfois. La ville offre peu d'intérêt aujourd'hui.

Zamora est une très vieille ville, la clé du royaume de Léon ; elle fut prise et reprise par les Maures et par les Castillans. Alphonse le Catholique s'en rendit maître en 748 et Abd-el-Rhaman s'en empara de nouveau en 813. Reconquise par les chrétiens, elle résista à Mondhir en 878. Le khalife de Cordoue l'attaqua en 939 et ne put y entrer qu'en laissant quarante mille des siens couchés sur le champ de bataille de Simancas. Zamora était appelée « la Bien-Murée », et les chroniques du

Cid Campeador en parlent à propos de la mort du roi Don Sanche. On reconnait encore la trace des murailles et une citadelle, dans l'enceinte de laquelle se trouvent la Cathédrale et le Palais épiscopal; tout à côté, les ruines d'une maison qu'habita le Cid. La Cathédrale est très simple et d'un style roman très pur : elle fut fondée par un évêque originaire du Périgord et ressemble à nos vieilles églises françaises.

C'est encore de *Medina del Campo* que nous nous embarquons pour Ségovie qui prétend remonter à Hercule et qui fut, dans tous les cas, une ville importante pendant la domination romaine. Capitale, sous les Maures, elle fut encore la résidence des rois chrétiens, et c'est à Ségovie qu'Alphonse le Sage composa ses fameuses Tables astronomiques. L'aqueduc, œuvre des Romains et dont on fait remonter la construction à Trajan, est un merveilleux assemblage de pierres sèches, sans ciment. Cette œuvre grandiose avec ses cent dix-neuf arceaux si ingénieusement superposés et parfois, d'une hauteur prodigieuse, constitue un des plus beaux monuments d'une époque fertile cependant en chefs-d'œuvre de ce genre. La ville, entourée de murailles crénelées, en bon état et flanquées de quatre-vingt-trois tours, est bâtie sur le haut d'un rocher, à neuf cent vingt-quatre mètres au-dessus du niveau de la mer.

L'Alcazar, jadis si célèbre, fut détruit par un incendie en 1862. Don Alphonse VI—le roi du Cid—qui, chassé de ses États par son frère Don Sanche le Fort, s'était réfugié chez les Maures, avait étudié la construction de l'Alcazar de Tolède et, rentré en Castille, il fit élever cette série de tours crénelées au milieu desquelles s'élevait le donjon qui servit longtemps de prison d'État. L'intérieur en était admirablement décoré et, dans le salon des Rois, il y avait cinquante-deux statues des anciens souverains d'Oviédo, de Léon et de Castille, depuis le roi Pélage jusqu'à la reine Jeanne, morte en 1555 et après laquelle commença la dynastie autrichienne. Quelle fatalité poursuit tous les alcazars, gigantesques constructions qui semblent devoir défier les injures du temps et que l'incendie vient dévorer comme s'ils étaient de mauvaises maisons modernes !

La *Cathédrale* est un des plus beaux monuments de ce genre que l'on puisse voir en Espagne. C'est vraiment un cliché que cette phrase que l'on retrouve sans cesse au bout de sa plume, mais comment faire cependant pour en changer lorsque l'admiration est toujours la même ? Jugez-en : cent treize mètres de long, cinquante-six de large ; trente-trois mètres de haut à la grande voûte, avec une coupole qui s'élève à soixante mètres. Le gothique domine presque partout et les marbres variés abondent dans la décoration intérieure. Toutes les chapelles — et elles sont nombreuses — renferment des œuvres d'art, à commencer par la *Piedad* de Juni, peintre né à Valladolid et qui vivait dans la seconde moitié du xvie siècle. Ce tableau vaudrait à lui seul le voyage de Ségovie. Les cloîtres sont également remarquables et, dans la ville, on peut visiter de très vieilles maisons, fort curieuses. En dehors, la *Vera Cruz* est une ancienne église gothique qui appartenait à l'ordre des Templiers et qui est bâtie sur le modèle du temple de Jérusalem.

Nous voici revenu pour la dernière fois à Medina, et en route pour Valladolid, où il faut s'arrêter également avant de fermer le livre sur Burgos, car la résidence actuelle du Capitaine Général de la Vieille-Castille fut, comme je l'ai dit déjà, la capitale de l'Espagne jusqu'à Philippe II. Un grand nombre d'événements célèbres dans l'histoire, se sont donc passés dans les murs de cette ville.

Le *Palais Royal* n'offre rien de remarquable, mais, tout à côté, visitez la façade gothique de l'ancien *Couvent de San Pablo* et son portail orné d'une telle quantité de sculptures que l'on a pu dire de lui : « Il faut voir ce portail pour croire qu'il y ait eu des hommes assez patients pour terminer une pareille entreprise. » C'est réellement un fouillis merveilleux, un entassement de sujets que l'on ne rencontre, je crois, nulle part ailleurs. La façade également gothique de *San Gregorio* est peut-être plus riche que celle de *San Pablo*, je ne parle pas du portail, bien entendu. Dans la *Sala del Claustro*, au dessus de la chapelle de l'*Université*, se trouve la collection des portraits de tous les rois d'Espagne, depuis Philippe V jusqu'à la reine Isabelle II, précisément ceux qui n'ont pas régné à Valladolid. L'Université compte mille étudiants et est, aujourd'hui, la troisième d'Espagne ; sa bibliothèque renferme une curieuse collection de Bibles en toutes les langues.

Le *Colegio major de Santa Cruz* était jadis un des grands collèges du royaume, avec une bibliothèque très remarquable. On a entassé, dans une salle, tous les livres volés aux divers couvents de la ville, et qui ne sont encore ni reconnus ni cataloǵués. C'est la façon libérale, moderne, d'augmenter les collections du plus fort. C'est la mode en Italie comme en Espagne... comme, ailleurs encore!

Je ne parlerai pas plus du *Musée* que de celui de Madrid et pour la même raison, car celui de Valladolid ne le cède en richesse qu'à Madrid et à Séville. Il a été fondé par le grand cardinal Pedro Gonzalès Mendoza. En dehors des dix salles consacrées à la peinture, il y en a trois où nulle part ailleurs on ne peut mieux étudier l'école de sculpture castillane. Les artistes ne peuvent donc pas se dispenser de visiter Valladolid.

La *Cathédrale*, qui fut commencée sous le règne de Philippe II par Juan de Herrera, et qui ne devait s'incliner que devant Saint-Pierre de Rome, ne fut jamais terminée. Cela se comprend, mais telle qu'elle est, elle mérite encore une visite. Voyez encore la *Plaza Mayor* qui servit de modèle à celle de Madrid et la *Plaza del Campo grande* dont le couvent des *Carmelitas calzadas* était l'ornement : c'est une caserne, aujourd'hui. Votre *Guide* vous indiquera encore quelques églises fort intéressantes à visiter, sans oublier la maison où habita Cervantès lorsqu'il faisait imprimer son *Don Quichotte* et celle où mourut Christophe Colomb.

En quittant Valladolid nous trouvons *Dueñas*, célèbre dans l'histoire par l'entrevue qui eut lieu dans ses murs, entre Ferdinand d'Aragon et Isabelle de Castille, avant leur mariage célébré à Valladolid. Isabelle la Catholique était née à *Dueñas*, mais on ne retrouve plus les traces du palais où elle vit le jour.

C'est à *Venta de Baños* que se trouve l'embranchement de la Galice où nous conduirons notre lecteur, réservant la description de Burgos pour la fin de ce volume.

Comme je sais, par une longue expérience, que l'on ne fait pas toujours ce que l'on veut; que l'on ne voit pas tout ce que l'on aurait désiré ; que le temps manque souvent et que mille circonstances indépendantes de notre volonté nous forcent à brûler parfois ce que nous aurions voulu adorer, le lecteur trop pressé n'aura qu'à brûler aussi les pages qui vont suivre et se bornera, avant de rentrer en France, à voir Burgos qui est sur la grande ligne et qui sera, pour lui, comme le bouquet et le complément de tout le voyage d'Espagne.

Venta de Baños... Une grande et vilaine gare,

un buffet médiocre, une propreté douteuse, beaucoup de mouvement, encore plus de lenteur : en un mot, un arrêt désagréable ou un transbordement incommode.

Venta de Baños n'est ni une ville, ni un bourg, ni un village, ni un hameau : c'est l'agglomération de tous les services qu'exige l'exploitation des chemins de fer, surtout aux extrémités d'une ligne et à ses points de croisement : bureaux, salles d'attente, halles à marchandises, remises de locomotives, matériel roulant, ateliers de construction et de réparation, dépôts de rails et de charbon, et quelques bâtiments en forme de casernes pour y entasser au détriment de la santé, et souvent de la morale, le personnel des employés et des ouvriers, ainsi que leurs familles.

Au temps des diligences, sur la route de Burgos à Valladolid, on relayait entre Magaz et Dueñas, devant la porte d'une misérable auberge, complétement isolée, à grande distance du village de Calabazanos, où furent célébré en 1431, les noces du fameux connétable de Castille, Don Alvaro de Luna, et de Doña Juana de Pimentel, en présence du roi Don Juan II. Cette auberge était la Venta de Baños, ainsi nommée d'une petite souce thermale, parfaitement oubliée aujourd'hui, qui se trouvait auprès. En étudiant les tracés de la ligne de Madrid à Irun, les ingénieurs durent sans doute prévoir un trafic important pour le transport des produits calciques, dont la chaîne des monts avoisinants est riche en gisements et qui alimentaient déjà un charroi considérable à partir de la Venta de Baños : c'est probablement en raison de cela que l'emplacement fut choisi pour une station d'abord, puis pour point de croisement des lignes de Santander, de la Galice et des Asturies.

Trois lieues à peine séparent Palencia, de Venta de Baños, et Palencia mérite d'être visitée : on y trouve, du reste, des hôtels à peu près convenables, notamment la Fonda Barbotan, et l'on peut, en s'y prenant à temps, choisir son coin dans le wagon qui va à Léon, attendu que les voyageurs arrivant de Venta de Baños, doivent transborder ici, le train des Asturies se formant à Palencia.

Cette ville, chef-lieu de la province du même nom, est la plus ancienne des cités de Castille. Elle fut la capitale du peuple vacéen, aux temps celtibériques et reçut des Romains le nom de Palantia. Après avoir vu, sous ses murs, la déroute du consul

Lucius Licinius Lucullus, résisté aux assauts de Marcus Lepidus, de Rutilius Rufus et de Pompée lui-même souffert; les dévastations des Alains, des Vandales et des Visigoths et passé des siècles sous la domination des Maures, elle fut annexée à la couronne de Castille sous le règne de Ferdinand Ier et suivit, depuis lors, les destinées de ce royaume, devenu le pivot de la monarchie espagnole.

Le Cid s'y maria avec Doña Jimena. Son université, fondée en 1212 par Alphonse VIII, fut transférée plus tard à Salamanca et deux conciles tenus, le premier sous le pontificat de Jean XXII et le second sous celui de Clément VIII, imposèrent au monde catholique les Ordonnances qui y furent arrêtées.

Située sur la rive gauche du Carrion, à 750 mètres au-dessus du niveau de la mer et dominée du côté de l'Est, par deux monticules coniques, derniers contreforts de la petite chaîne de Fuentes de Valdepero, la ville de Palencia, qui renferme une population de 15.000 âmes, présente un aspect beaucoup plus animé que ne l'est d'ordinaire celui des villes de l'intérieur de l'Espagne; cela tient surtout au commerce des grains que le canal de Castille apporte du pays de Campos, à ses minoteries, à ses établissements métallurgiques et à ses fabriques de couvertures de laine, si en renom dans toute la Péninsule Ibérique.

Ses monuments anciens sont dignes de remarque, ses édifices modernes n'ont rien d'intéressant. Nous ne citerons donc que pour mémoire l'Hôtel de Ville, qui occupe l'un des côtés de la Plaza Mayor dont le centre a été converti en jardin anglais avec une pièce d'eau au milieu; le théâtre, presque toujours fermé; la place de Taureaux qui n'ouvre qu'une fois l'an; les casernes de cavalerie et d'infanterie; mais nous ne saurions parler sans enthousiasme de la Cathédrale, de l'église San Miguel, de l'église San Lazaro, et des couvents de San Pablo et de San Francisco.

La Cathédrale, qui date du xive siècle, est un monument gothique aux vastes proportions, remarquable par la pureté de son style, l'élégance de ses formes, la hardiesse de ses voûtes et la richesse de son ornementation. Les boiseries et la grille du chœur, des tapis de Flandres de toute beauté, de magnifiques rétables, des tableaux de maîtres, notamment les « Epousailles de sainte Catherine, » le chef-d'œuvre de Matéo Cerezo, des vases sacrés d'un travail exquis; tout attire le regard et provoque l'admiration. Cette église est placée sous l'invocation de san Antolin, cénobite qui vivait dans une grotte que l'on visite pieusement et au-dessus de laquelle le temple a été édifié. On raconte qu'alors que Palencia ne s'était pas encore relevée de ses ruines et que quelques maisons à peine restaient debout dans cette partie de la ville qui forme aujourd'hui le faubourg des Hortolanos et la paroisse de Allende-el-Rio, le roi de Navarre, Don Sancho, poursuivant un sanglier, dans l'ardeur de la chasse pénétra dans cette grotte, sans respect pour l'effigie du saint qui y était conservée. Aussitôt son bras droit, armé du javelot, resta paralysé; et le roi de Navarre ne recouvra l'usage de ce membre qu'après avoir fait amende honorable et le vœu de fonder une église à cette même place.

La tour crénelée de l'église San Miguel est peut-être unique en son genre, dans les constructions gothiques: la perle de l'église San Lazaro est une Sainte Famille d'Andrea del Sarto, cet émule de Raphaël, et les couvents de San Pablo et de San Francisco renferment des autels, des sarcophages et des bas-reliefs qui sont de véritables merveilles artistiques.

La vitesse n'est pas précisément la qualité distinctive des chemins de fer espagnols, nous l'avons observé souvent déjà ; il n'y a donc pas lieu de s'étonner que partant de Palencia à trois heures après-midi on n'arrive à Léon qu'à huit heures quarante-cinq du soir. La distance n'est que de 123 kilomètres et il existe 14 stations sur le parcours. La contrée est plate, triste à l'œil, sans un arbre, sans la moindre verdure. Le regard embrasse d'immenses horizons encadrés entre deux rangées de collines coniques et coupés, de-ci de-là, par la tour blanche et ronde de quelque pigeonnier municipal, par le clocher jaune de l'église de quelque village brun, posé dans la plaine comme un navire à l'ancre au milieu de la mer. Le sol blanchâtre est d'une fertilité incomparable, l'herbe parasite est un mal inconnu dans la terre de Campos ; une pluie après les semailles du blé, suffit pour assurer la récolte : s'il ne pleut pas le grain reste intact et se conserve dans la terre qui lui sert de silo, prêt à germer l'année suivante, dès que la pluie viendra. Du reste pas un caillou sur les champs, pas une pierre à la superficie ou même dans le sein des monts avoisinants, ce qui a donné lieu à un proverbe castillan qui se traduit ainsi :

« Au pays de Campos, malheur aux besaciers ;
« Les chiens sont détachés, les cailloux prisonniers ! »

Au sortir de Palencia, la ligne de Santander se sépare de celle de Léon et court vers le nord en se rapprochant du pied des collines. On trouve, à six kilomètres, la première station, desservant le gros bourg de Grijota, renommé pour ses boulangeries. Chaque matin les femmes de Grijota, montées sur des ânes à la queue écourtée, se dirigent vers Palencia pour y porter du pain : elles sont brunes, hâlées, et semblent n'avoir rien à redouter, pour leur teint, des ardeurs du soleil. Il n'en était pas ainsi sans doute, autrefois, puisqu'on garde dans la contrée le souvenir ou plutôt la légende d'un procès célèbre qu'elles intentèrent au Soleil. Marchant de l'ouest à l'est pour aller à Palencia dans la matinée, et de l'est à l'ouest pour retourner à Grijota dans l'après-midi, elles avaient le soleil sur le nez, à l'aller et au retour : le tribunal du district fut saisi de leur réclamation et le juge, sans recourir à l'épée de Salomon, mais doué de toute la sagesse du roi d'Israël, rendit cette sentence : « Le Soleil est immobile : il ne marche vers personne, on marche vers lui. Si les femmes de Grijota allaient le soir à Palencia et retournaient chez elles le matin, elles tourneraient toujours le dos au Soleil et n'auraient pas les inconvénients de ses

rayons. Les plaignantes sont déboutées et condam-
nées aux dépens. »

Le jugement était juste et le remède pratique, mais
on prétend que les maris ne consentirent pas à ce
que leurs femmes découchassent tous les soirs,
comme le juge le leur conseillait.

On dépasse Villaumbrales, Becoril, et Paredes
de Nava où naquit le célèbre sculpteur Alonzo de
Berruete. La lagune malsaine de la Nava, mesurant
dix kilomètres de long sur cinq de large et qu'il
serait facile de dessécher au plus grand bénéfice de
l'agriculture et de la salubrité, s'étend entre Paredes
et la station voisine de Villalumbroso; puis on arrive à Cisneros, la patrie du célèbre cardinal don
Francisco Jimenez de Cisneros, l'une des gloires de
l'Espagne. Villada et Grajal restent dans l'ombre
où les place leur insignifiance, mais voici Sahagun.
On voudrait pouvoir s'y arrêter ; les ruines du
Monastère des Bénédictins de Sahagun réveillent
des souvenirs historiques palpitants d'intérêt et
gardent encore, dans les décombres de ses murs,
de ses cloîtres, de ses autels, les traces ineffaçables
de la grandeur passée. Le couvent, *Ecclesiæ miræ
magnitudinis*, fut fondé par les premiers chrétiens,
brûlé par les Maures et reconstruit, au onzième

siècle, dans toute la splendeur que l'on retrouve dans ses restes épars. Le roi Alphonse VI, dit *le Vaillant*, vaincu à Santa Maria de Carrion par le roi de Navarre Sancho-Ramir, fut contraint par son impitoyable adversaire à renoncer à sa couronne et à troquer le manteau d'hermine pour l'habit du moine, dans le Monastère de Sahagun, dont l'abbé Bernard de Cluny était alors le prieur. Mais le Roi-Moine, *El Rey-Monge*, comme l'histoire le nomme, put bientôt s'enfuir, accompagné de la reine Doña Elvira, de ses frères Don Gonzalvo et Don Fernando et d'un groupe de seigneurs guidés par le brave Peranzules, cherchant aide et trouvant protection dans l'alcazar de Tolède, auprès du roi maure Al-Manoum. Sancho-Ramir fut assassiné à Zamora ; Alphonse VI reconquit ses États et reprit sa couronne après avoir juré sur les saints Évangiles, entre les mains du Cid, dans l'église de Santa Godea, qu'il n'avait pas trempé dans le meurtre accompli. Dans la suite, pendant son long règne de quarante-trois ans, il combla de faveurs et de dons le Monastère de Sahagun qui reçut ses cendres et lui éleva un magnifique tombeau, aujourd'hui disparu.

Sahagun s'honore aussi d'avoir vu naître saint Facond et saint Primitif, martyrisés par ordre du consul Atticus, sous le règne de Marc-Aurèle, et le moine Pedro Ponce qui fut le premier, en Europe, à fonder l'enseignement des sourds-muets.

Une minute d'arrêt, au dire du chef de train et plusieurs en réalité, aux stations de Calzada, Burgorranero, d'où partira quelque jour une ligne ferrée destinée à ouvrir un débouché aux mines de charbon de Savero, Santas Martas, Palanquinos et Torneros. Enfin voilà Léon, dont les tours gothiques dominent les collines qui délimitent le bassin du Torio et de la Bernesga.

Nous sommes descendu à la *Fonda Suiza*, tenue à l'espagnole, c'est-à-dire avec autant d'amabilité que de manque de confortable, et nous imitons les paisibles habitants de la tranquille cité, en faisant quelques tours, avant l'heure du coucher, sous les arcades de la *Plaza Mayor* où la bonne société se donne rendez-vous chaque soir.

L'antique capitale du royaume de Léon fut fondée par les Romains bien avant l'ère chrétienne: elle est située sur la rive gauche de la Bernesga, en amont du confluent de cette rivière avec le Torio, à huit cent trente-huit mètres au-dessus du niveau de la mer, et renferme environ douze mille habitants.

Annexée par Léovigilde à la couronne des rois Wisigoths, elle eût à subir la loi des khalifes maures Abib-al-Feheri et Abderraman, jusqu'à ce que le le roi d'Oviedo, Ordoyne II, la délivrât et y fixât sa résidence. Les successeurs de ce prince, Froila le Lépreux, Alphonse le Moine, Ramir III, Ordoyne III, Ordoyne IV le Mauvais, Sancho Ier le Gros, Ramir-Wermond II, Alphonse V et Wermond III, occupèrent le trône pendant la durée de cent quatorze ans : et Wermon III ayant été défait et occis par son cousin le roi de Castille, Ferdinand Ier, celui-ci réunit le royaume de Léon au royaume de Castille et se fit couronner roi de Castille et de Léon en l'année 1038.

N'en déplaise à Burgos et à Tolède, si fières, à juste titre, de leurs cathédrales gothiques, la cathédrale de Léon nous semble plus belle encore, plus hardie, plus pure de style, plus digne en un mot d'être citée comme le modèle par excellence de l'art ogival en Espagne. Il nous est agréable de constater aussi que les travaux de restauration, inaugurés il y a une vingtaine d'années par un artiste éminent, don Juan de Madrazo, et continués par un autre artiste de grand talent, don Demetrio de los Rios, conservent à l'édifice tout son caractère et toute sa majesté.

L'église collégiale de *San Isidro*, est un temple roman, surmonté d'une tour carrée et entouré d'un cloître parfaitement entretenu: elle constitue en Espagne, avec la cathédrale de Salamanca et l'église de Fromista, un des rares spécimens de l'art au x1e siècle, époque où le roi Ferdinand Ier en décida la construction et en fit dresser le plan. Malheureusement l'intérieur en est complètement gâté par les couches de chaux sous lesquelles disparaissent les assises de pierre de ce beau monument. Le corps de *San Isidro* est placé sur le maître-autel, dans une châsse d'argent soutenue par des lions; on y conserve aussi de précieuses reliques et des vases sacrés de la plus grande valeur. Mais ce qu'on admire surtout dans cette église, ce sont les quatorze tombeaux des rois de Léon, rangés à la file, dans un panthéon au-dessous du chœur, véritable merveille de sculpture et de détails.

La ville de Léon est entourée de grosses murailles à tambours qui constituent, comme *Los Cubos* de Burgos, la promenade d'hiver. En suivant cette enceinte, on arrive devant un vieux palais aux dimensions géantes, que l'on désigne sous le nom de *Casa de los Guzmanes*; c'est dans ce palais que naquit le célèbre défenseur de Tarifa, Guzman el Bueno, dont l'histoire a conservé le nom comme un exemple de patriotisme poussé jusqu'au sacrifice d'un enfant adoré.

D'autres églises, des couvents et le monastère de *San Marcos*, de style renaissance, attirent encore notre attention; mais le train va partir: en route pour la Galice.

Nous quittons Léon un peu avant dix heures du matin. Laissant à notre droite la ligne des Asturies qui monte vers le nord, nous courons vers l'ouest et nous avons bientôt dépassé les stations insignifiantes de Quintana et de Villadangos. Celle de Veguellina, qui vient après, est située dans une délicieuse vallée qu'arrose la rivière Orbigo sur laquelle se trouve, ici, un pont célèbre dans les annales de la chevalerie. Aux temps du roi de Castille Don Juan II, un vaillant paladin, Don Suero de Quiñones, originaire de Léon, avait fait *l'emprise de maintenir* contre tout venant, un *pas d'armes* en l'honneur de la dame de ses pensées dont il portait au cou le gage, un lourd carcan de fer. Le lieu choisi par lui était le pont de Veguellina, passage accoutumé des chevaliers espagnols et étrangers se rendant à Saint-Jacques de Compostelle ou en revenant. Il resta là un mois, et rompit trois cents lances sans qu'aucun de ses adversaires eût pu le *délivrer*, ce que firent les juges du camp, rempli d'admiration pour la valeur, la force, l'adresse et la courtoisie dont avait fait preuve l'invincible tenant.

Grossi des eaux du Pocos, la rivière Tuerto contourne un monticule qui porte à son sommet une ville à l'aspect imposant, ceinte de vieilles murailles et hérissée de clochers. C'est Astorga, l'*Asturica Augusta* des Romains, siège d'un évêché fondé en 747 par le roi de Léon, Alphonse le Catholique. Sa cathédrale gothique en granit rouge, surmontée de deux tours, semble couvrir la ville de son ombre tutélaire : les ruines du Palais des Osorio se dressent, gigantesques, avec leurs pans de murs étrangement déchiquetés, et d'autres églises dont l'architecture appartient à des styles divers dessinent, dans la limpidité de l'atmosphère, leurs formes arrondies ou leurs vives arêtes. Astorga est la capitale, sans attributions administratives, du pays des *Marayatos*, ces hommes vêtus de noir qui promènent sur toutes les routes de l'Espagne leurs culottes bouffantes, leurs justaucorps serrés à la taille par une large ceinture de cuir et leurs vastes chapeaux, conduisant de grandes charrettes roulières attelées de huit à dix mules, poussant devant eux une escouade d'ânes et de mulets pesamment chargés, ou chassant à la gaule un régiment de dindons que l'on mangera à Madrid, encore tout échauffés et fourbus du voyage. Nous achetons à la gare, quelques tablettes de chocolat d'Astorga, le plus fameux et le meilleur de tous les chocolats espagnols, et nous prenons aussi une bonne provision de *Mantecadas*, excellents petits massepains, grossièrement logés dans des carrés de papier qu'on dirait de carton, en raison de leur épaisseur et qui furent blancs peut-être, avant d'avoir passé par les mains du pâtissier.

Pour descendre des hauts plateaux de la Castille dans le royaume de Galice, il faut franchir cette partie de la chaîne cantabrique que l'on désigne sous le nom de *Montañas de Léon*. On monte, en dépassant la station de Vega, dans la vallée de Mayaz, jusqu'à Brañuelas, le point culminant de la ligne de Léon à la Corogne, perçant le col du Manzanal à la côte de 1.100 mètres au-dessus du niveau de la mer.

La descente est admirable de beauté, effrayante de précipices que l'on domine à pic. Vingt-trois tunnels, des viaducs perdus dans les espaces, à des hauteurs vertigineuses, des murs de soutènement de plus de 100 mètres de long et de 30 de haut, des ponts d'une hardiesse inouïe sur la Majada, le Novaes, la Valdelafuente, la Valdelacasa, le Hueso, le Tremor, le Pozaco, le Silva, le Castrion, la Granja, la Nasera, et l'Argutorio; des cours d'eau déviés, des routes déplacées et un lacet à peu près unique en son genre, *El Lazo*, au moyen duquel la voie passe en tunnel sous elle-même, comme dans le chemin de la Forêt-Noire; tels sont les travaux d'art que le génie de l'homme a accumulés pour vaincre les difficultés que la nature lui opposait, et qu'on regarde, émerveillé, entre les stations de Brañuelas, de la Granja et de Torre, où l'on n'est plus déjà, qu'à sept cents mètres d'élévation.

Le paysage a changé complétement d'aspect : voici des bois, des champs verts, des maisons blanches attenantes aux terres cultivées, de belles rivières, le Sil et la Boeza, des produits variés; nous sommes dans la vallée de Vierzo, et ce sont là les ruines du château de Bembibre qui fut, au temps jadis, l'une des plus formidables citadelles des comtes-ducs de Benavente.

On aperçoit, auprès de la station de San Miguel de las Dueñas, les vastes bâtiments et les dépendances grandioses d'un couvent de religieuses cisterciennes, fondé par l'Infante Doña Sancha, fille du roi de Léon Alphonse IX, vers le milieu du xiiie siècle; et le train s'arrête en gare de Ponferrada.

La ville de Ponferrada est située à petite distance de la gare, sur une hauteur dominant le cours du Sil et dominée elle-même par les monts de Castro et de Santo Tomás : dans le lointain, les monts Aquiliens avec leurs pics bleuâtres, l'Irago, l'Aguiana et le Foncebadon. La tour de la cathédrale, dédiée à la Vierge de la Yeuse, *Nuestra Señora de la Encina*, découpe dans le ciel ses formes élégantes, au-dessus de la noire ceinture des murailles qui emprisonne la vieille cité, et des ruines imposantes du château des Templiers, dont les assises de briques, assombries par le temps, et les murs crénelés, semblent retenus et non pas fixés sur la paroi rocheuse au pied de laquelle les eaux du Sil passent avec fracas.

La station suivante est Toral de los Vados, d'où

se détache une petite ligne de 10 kilomètres aboutissant à Villafranca sur les bords du Valcarcel, et desservant Corullon, Villabuena, Cacabelos et Carracedo. Villafranca, fut fondée par des moines de Cluny qui y établirent un couvent pour venir en aide aux pèlerins français se rendant à Compostelle.

L'horizon se resserre : nous traversons de grandes tranchées ; nous passons au milieu de rochers énormes dont la dynamite a eu raison pour ouvrir une voie à la locomotive ; entre deux tunnels, nous franchissons le pont oblique de Las Cobas, jeté au-dessus du Sil, d'une montagne à l'autre, et qui marque la limite des Castilles et de la Galice.

Le royaume de Galice, divisé aujourd'hui en quatre provinces, Coruña, Orense, Lugo et Pontevedra, est situé à l'extrême nord-ouest de l'Espagne, confinant de l'est aux Asturies, du nord et de l'ouest à l'Océan, du sud à la province de Léon, à celle de Zamora et au Portugal dont elle est séparée par le fleuve Miño ; et par les monts ou *Sierras* de Gerez, de Raya Seca, de Laranco, de la Segundera et de la Culebra.

Sa population s'élève à environ quinze cent mille âmes : son sol est accidenté, ses champs bien cultivés, ses pâturages fertiles, son bétail estimé, ses côtes poissonneuses; et malgré les furies de la mer, dans ces parages, ses magnifiques ports, Vigo, Carril, Corcubion, la Corogne, le Ferrol et Rivadeo, sont avantageusement connus et fréquentés par tous les pavillons. Ses habitants, dont le langage se rapproche encore plus du portugais que de l'espagnol, sont doux, hospitaliers, très sobres, un peu parcimonieux et, généralement, d'une probité proverbiale.

Les *Gallegos* sont les Auvergnats de l'Espagne, au caractère près qui chez eux est plus humble et plus soumis : ils font d'excellents soldats. A Madrid, comme dans la plupart des grandes villes de l'Espagne, la Catalogne et le Royaume de Valence exceptés, les commissionnaires du coin, les porteurs d'eau, les veilleurs de nuit sont presque toujours des hommes venus de la Galice, *Mozos de cordel, Aguadores, Serenos,* auxquels on peut, sans crainte, livrer une lettre ou un paquet, permettre l'entrée de l'appartement, et confier la garde de la rue et la clef de la maison. Le *Gallego* est indispensable aux Espagnols habitant les cités; et le *Gallego* fait son petit pécule, sou à sou, à la faveur des Espagnols. Ce sont des *Ganapanes,* c'est-à-dire des hommes sachant gagner leur pain; ils suppor-

17.

tent volontiers les moqueries des Andaloux qui les plaisantent sans cesse et qui les tournent en ridicule; ce sont eux, certainement qui ont mis en vogue ce proverbe : « *Dame pan y dime tonto* : Traite-moi d'imbécile et donne-moi du pain. »

Nous passons à Quereño, au pied des monts de la Cabrera; à Sobradelo, sur le Casayo, en face de Puentenuevo; à El Barco de Valdeorras, où débouche la vallée la plus fertile de toute la Galice et dont les vins sont recherchés : c'est Villamartin : « *Villamartin, de Espana el jardin* », dit-on dans le pays et avec raison, parce que quelques-uns de ses produits semblent venir en droite ligne de la terre de Chanaan : un seul cardon suffit à la charge d'un âne, et les fougères de la *sierra* de Queixa atteignent trois mètres de hauteur.

Puis viennent les stations de la Rua-Petin, auprès des ruines de la ville romaine de Giguria; et de Montfurado, sur le rocher, la *Pena del Cuervo*, où les eaux du Sil charrient des sables aurifères dont l'exploitation encore pratiquée, remonte à l'époque de la domination des Romains. Ce sont eux qui, au n° siècle de notre ère, creusèrent un tunnel de plus de cinq cents pas de long pour y faire passer la rivière et y recueillir les paillettes d'or. Nous traversons ensuite San Clodio, près de la vallée de Quiroya, où l'on voit les ruines d'une abbaye de bénédictins et où on franchit le Lor sur un pont de quarante mètres de hauteur, et la Puebla de Brollon, sur le Brollon, aux pieds des monts de Miranda.

Demi-heure d'arrêt et buffet à Montforte, *Parada y Fonda*, comme crient les employés de la compagnie; de plus, changement de train pour la ligne de Orense, Vigo, Tuy et le Portugal par Vianna do Castello.

CHAPITRE IX

Monforte. — Lugo. — La Corogne. — Carrier, Granville et
le Comte de Seguins pendant la Terreur. — Saint-Jac-
ques-de-Compostelle. — La cathédrale. — Encore la
Corogne. — Les Asturies. — Gijon. — Oviedo. — Le mont
Naranco. — Trubia. — Les bains de la Caldas.

Vigo est à cent soixante-dix kilomètres de
Monforte. Sa baie est l'une des plus belles du
monde : les grands bateaux à vapeur français et
anglais, desservant le Brésil, la République Ar-
gentine, l'Uruguay, le Chili et le Pérou, font escale
dans ce port à l'aller et au retour. C'est là que, le
22 octobre 1718, une escadre anglaise coula un
convoi espagnol arrivant du Mexique, chargé d'or
et d'argent. Des sommes immenses restèrent en-
fouies dans les vases de la baie : elles ont provoqué,
et provoquent encore bien des convoitises que des
spéculateurs habiles ont exploitées à leur profit,
sans autre résultat pour leurs actionnaires que la

perte sèche des capitaux versés entre leurs mains par la crédulité publique.

Comme nous n'avons pas l'intention de nous mettre à la recherche des galions de Vigo et que nous voulons encore moins lancer à notre tour une affaire dont ils seraient le nouveau prétexte, nous laisserons ces trésors dormir, s'ils existent encore, dans les vases de la baie et nous continuerons notre voyage en nous dirigeant vers La Corogne, après un dîner passable, rien de plus, au buffet de Monforte.

Monforte, l'ancienne *Dactonio*, capitale des Lémaves, est gracieusement posée sur une colline dont la base plonge dans la rivière Cabe ; elle offre à nos regards ses jolies constructions et ses belles églises : *San Vicente*, de style Renaisance et *La Compania*, surmontée d'une vaste coupole.

Nous remarquons ensuite Boveda, sur le Mao ; le viaduc de Cubela ; Sarria, la *Flavia Lambris* du pays des Védiens ; la Puebla de San Julian où se réunissent les trois rivières, Seira, Tiordia et Magandan ; et la Josa, fière de son viaduc de deux cent quatre-vingt-dix-huit mètres de long, à trente mètres au-dessus d'un ravin.

Nous voici en gare de Lugo ; il est sept heures du

soir. Lugo, chef-lieu de la province du même nom, *Lucus Augusti*, présente un aspect imposant au haut de son éminence, avec ses murailles romaines de vingt-cinq pieds d'épaisseur, flanquées de quatre-vingt-cinq tours, et sa belle cathédrale qui date des premières années du XIIe siècle. Volontiers nous eussions fait halte ici pour y passer la nuit et visiter, dans la matinée, la vieille basilique, qui possède le privilège de l'exposition perpétuelle du saint Sacrement, l'évêché, la *Plaza Mayor*, le pont du Miño et l'*Alameda del Campo*, mais le service des trains est si mal organisé que nous n'avons le choix que de partir à cinq heures du matin, ou d'attendre jusqu'à sept heures du soir. Aucune de ces combinaisons ne pouvant nous convenir, nous filons à regret, droit sur la Corogne où nous arrivons à onze heures du soir, en regrettant aussi de n'avoir rien vu sur ce dernier parcours qui ne manque pas, paraît-il, de charme et d'intérêt, Rabadé, un confluent du Caldo et du Ladra, où l'on cultive, dans les champs voisins, l'ajonc épineux pour la nourriture du bétail à l'étable pendant les mois d'hiver ; Babamonde, avec son église ogivale et son calvaire échelonné sur le flanc de la colline ; Parga, sur la Veiga, et ses eaux sulfureuses de *San Juan* ; Guitiriz, aux pieds de la *Sierra* de Montonto et des monts de Bocedo, se mirant dans les eaux limpides du Mandeo ; Teijeiro, sur le Carregal, Curtis et Osbodeos ; Cesuras, sur le Mero, et San Pedro de Oza, sur le Mende, qui cache au milieu de ses beaux pins sylvestres, les ruines d'une abbaye de Bénédictins fondée vers le milieu du ix⁰ siècle ; Betanzos, le *Brigantium Flavium* des Romains, ville de dix mille âmes, bien située au confluent du Mende et du Mandeo qui confondent leurs eaux pour mieux arroser la délicieuse plaine de las Mariñas ; Santa Maria de Cambre et son couvent de moines Bénédictins dont la fondation remonte aux premières années du x⁰ siècle; enfin El Burgo, où un contrôleur de route nous réveille pour nous demander notre billet, ce qui nous permet de voir le feu tournant du Phare de La Corogne, et de plier notre couverture au moment d'entrer en gare, car nous sommes arrivés.

Un omnibus, toujours jaune serin — c'est la couleur obligée — nous fait traverser une longue avenue, puis les faubourgs de Loyar et de Santa Lucia, et nous dépose dans la *calle Real*, devant la porte de la *Fonda Ferrocarrilana* où nous étions attendus, ayant pris la précaution, aussi utile en Espagne que partout ailleurs, de demander, par télégramme, qu'un appartement nous fût réservé !

La Corogne, *Coruña* en espagnol, *Vila da Cruña* comme on dit en Galice, est le chef-lieu de la province qui porte son nom ; elle renferme quarante mille habitants.

La ville, composée, comme Carcassonne, de deux parties bien distinctes, la ville haute et la ville basse, la ville ancienne et la ville nouvelle, la *Ciudad et la Pescaderia*, est posée sur un promontoire à l'extrémité la plus méridionale du golfe qui forme les trois baies ou *rias* de La Corogne à gauche, du Ferrol à droite et de Betanzos au fond, en regardant la mer, à distance à peu près égale du cap Finisterre et du cap Ortegal. Une immense caserne, casematée et garnie de canons comme une citadelle, a été construite il y a quelques années, au prix de plus de cinq millions de pesetas, dans l'espace ouvert entre la ville ancienne et la ville nouvelle ; et, chose digne de remarque, elle commande la ville et pas du tout la baie : c'est une défense contre l'ennemi venant du dehors ; c'est, en un mot, une forteresse essentiellement et exclusivement antirévolutionnaire.

L'entrée du port « *Boca del puerto* » est gardée par les forts de *San Anton* et de *Santa Cruz*, ce dernier planté sur un îlot; la ville elle-même est gardée par la citadelle de *San Diego*, tandis qu'un quai, surmonté d'une muraille qui va de la *Torre de Albajo* à la *Puerta Real*, la protège de la fureur des flots. Le bastion de *Las Dirmideras* et la batterie de *Pradeiras* complètent enfin cet ensemble de fortifications.

La baie de La Corogne est faite d'une foule de criques et de promontoires qui forment les plages de *El Burgo*, de *El Orzan*, de *Santa Cruz*, de *Aguieira*, de *Breijo* et de *Mayanca*, les pointes *Puntas*, de *Serrantos*, de *Bufodoiro*, de *Coitelada* et de *Seixo*, derrière laquelle se cache un grand rocher, *Pena Narola*, dont un poète a dit :

> Solitario de granito,
> Vestido de blanca espuma,
> Destacado entre la bruma,
> Que lo envuelve sin cesar.
>
> (Solitaire de granit
> Recouvert de blanche écume
> Se détachant de la brume
> Qui sans cesse l'envahit.)

Le *Monte Faro*, éminence d'environ soixante mètres d'élévation, est surmonté d'une tour à peu près de même hauteur, où brille un phare à éclipses, de grande portée.

Fondée par les Phéniciens, occupée par les Romains, prise par les Maures, saccagée par les Normands au ixe et au xie siècle, la ville de La Corogne tomba, en 1370, au pouvoir des Portugais, mais elle fut bientôt reconquise par les Espagnols. En 1589, l'amiral anglais Drake, vint l'attaquer mais il fut repoussé par les défenseurs de la place que guidait au combat une femme, Maria Pita, qui, le casque en tête et le corps recouvert d'une cote de mailles, tua de sa main le chef des assaillants. Un an auparavant, le 26 juillet 1588, une flotte espagnole, formidable pour cette époque, car elle se composait de cent trente navires armés de deux mille six cent trente canons, et portant trente mille hommes dont vingt mille marins et dix mille soldats, sortait du port de La Corogne pour aller combattre les Anglais chez eux ; mais la tempête fut plus forte que la valeur, et l'*Invincible Armada* fut complètement anéantie près des côtes mêmes de la Grande-Bretagne.

La plupart des monuments religieux se trouvent dans la ville haute : c'est par là que nous commençons notre visite de la Corogne.

La cathédrale, sous l'invocation de *Santiago*, est un édifice roman du xiiᵉ siècle, qui occupe l'un des côtés de la place de *La Marina* sur laquelle s'élèvent aussi le Palais de la Capitainerie Générale, le Palais Gothique des comtes de San Roman et, à l'ombre des acacias, une fontaine surmontée de la statue du Désir. Le portique est orné d'archivoltes admirablement fouillées, et une belle tour se dresse avec majesté, au-dessus des trois absides dont l'église est formée. Il n'y a qu'une seule nef à trois arches qui conserve à peine quelques traces du passé, le temple ayant été brûlé deux fois au xvie siècle et une autre fois en 1779. On remarque surtout une statue de saint Jacques, représenté assis sur le maître-autel.

Santa Maria del Campo, aujourd'hui collégiale, est également de style roman de la fin du xiiᵉ siècle : sa tour est grandiose et ses façades bien ornementées, surtout celle de l'ouest dont la décoration est tout à fait originale. L'église a trois nefs, de dimensions relativement restreintes et malheureusement dégradées par des restaurations où le respect de l'art a été un peu trop oublié. Une grande croix, qui ne manque pas de mérite, se dresse en face du temple sacré, au milieu de la place de *Santa Maria del Campo*.

Le couvent de *Santa Barbara* est tout proche : c'est un vaste bâtiment, dont la chapelle surtout a conservé le caractère et l'ornementation de la sculpture ogivale dans toute sa pureté. On remarque dans l'une des frises un magnifique bas-relief représentant Dieu le Père tenant entre ses bras son Fils, Notre-Seigneur Jésus-Christ, descendu de la croix : à droite et à gauche du Tout-Puissant, le Soleil et la Lune; au-dessous, des anges pesant dans des balances les âmes des trépassés, tandis que des moines et des pèlerins prient pour elles, à leurs pieds.

Un peu plus loin, l'église *Santo Domingo*, monument baroque du xviie siècle, avec sa grande façade et son énorme tour, sa nef sévère, ses autels à la file et la chapelle de la *Vierge du Rosaire* si brillamment ornée.

Nous voyons encore, auprès de l'Hôtel de Ville, l'église *San Jorge*, un peu écrasée sous son énorme coupole du xvie siècle; le Palais de la Députation; le Théâtre, dont l'intérieur vaut beaucoup mieux que l'extérieur; les ruines du couvent de *San Francisco* où l'empereur et roi Charles-Quint tint les célèbres cortès de Galice en 1520; l'Hôpital militaire de construction récente, et l'Hôpital civil très convenablement aménagé, très bien installé, parfaitement tenu par les sœurs de la Charité auxquelles on laisse, en Espagne, la direction de ces établissements hospitaliers. Nous visitons la Manufacture de tabacs, où plus de trois mille ouvrières confectionnent des cigares défectueux et des cigarettes qui seraient excellentes si le papier était meilleur; la grande fabrique de verre et celle des tissus de laine et de coton, dont les produits marchent de pair avec ceux de Leeds, de Manchester, de Tarrasa et de Sabadell.

Nous allons respirer l'air pur de l'océ an sous les ombrages du *Campo San Carlos*, à la *Punta de Parrote*, à l'*Alameda*, sur la *Marina*: nous entrons au cimetière, où l'on arrive par le *Paseo de La Torre*, et dont la chapelle renferme un des chefs-d'œuvre du pinceau de Murillo, la Vierge de *La Servilleta*. Nous montons au *Faro* et, du haut de cette terrasse où, d'après la légende, Hercule lutta pendant trois jours contre le géant Gerion, le vainquit et lui coupa la tête, nous contemplons avec admiration le panorama qui s'offre à nos regards : la baie tout entière; les rochers qui cachent le Ferrol, la merveille des ports au dire du célèbre Pitt, comte de Chatam ; le cap de *Priorino* et le cap de *El Prior* ; les pics bleus de *San Adriæn* ; les monts de *San Pedro de Peñaboa* et de *Visina*, de *Montonto* et de *Os Penedos* ; Retanzos et Puentedeume dans leur nids de verdure ; Malpica et les îles Sisorgas, le *Penon de las Animas* et la plage de *Birbiriana* : tous ces enchantements de la verte Galice et de l'océan vert, qui inspiraient au poète Vicetto, un enfant du pays, ces vers si imagés :

> ¡Todo hermoso euti !... cuanto te han dado,
> Cuanto entus vastos limites se encierra :
> Los montes de tu mar aurirrolado,
> Las verdes olas de tu verde tierra !...
>
> Que tout est beau dans toi ! Les dons de la nature,
> Ce qu'offrent aux regards tes horizons ouverts ;
> Les monts mouvementés de ta mer qui murmure,
> Et les flots verdoyants de tes champs toujours verts !

La Corogne ajoutait aux séductions du cadre qui l'entoure et qu'elle remplit si bien, le souvenir d'un événement qui remonte à l'époque néfaste de la première Révolution française et des noyades de Nantes :

Sous ce titre : LE COMÉDIEN GOURVILLE, on a publié en 1858, dans la *Nouvelle morale en action*, le récit des persécutions dont furent victimes les malheureux prêtres expulsés de leurs paroisses et condamnés à mort par le féroce Carrier. Gourville, acteur au théâtre de Nantes et capitaine de la garde nationale, employa souvent le crédit que lui donnait ces dernières fonctions pour sauver bien des malheureux. Un jour entre autres, quatre cents prêtres détenus au château de Nantes furent embarqués à bord de ces bateaux fameux qui ne rendaient jamais leurs victimes. Grâce à la généreuse intervention de Gourville, ce jour-là ce furent les bateaux eux-mêmes qui ne rentrèrent pas dans le port. La Providence les conduisit sur les côtes d'Espagne et ils abordèrent à la Corogne sans avoir été rejoints par leurs persécuteurs.

Le débarquement était impossible sans un ordre du gouverneur de la ville, qui était absent; les infortunés passagers, exténués par un si long voyage, mouraient de faim et de fatigue; c'est alors que le comte de Seguins (1), émigré français, attaché à l'état-major du gouverneur, prit sur lui de délivrer l'autorisation nécessaire pour permettre le débarquement immédiat. La population de la Corogne, pressée sur les quais, attendait ces victimes de la Terreur et se disputa l'honneur de les recevoir, en les comblant des marques de sa vénération. Il y avait péril à braver ainsi la République voisine et

---

1. Voir à la fin du volume, la *Notice* sur le comte de Seguins.

le comte de Seguins comprit toute l'étendue de la responsabilité qu'il assumait en agissant ainsi.

Dès que le gouverneur fut revenu, l'aide de camp se présenta devant son chef, lui avoua sa faute et lui demanda quelle peine il avait encouru pour avoir ainsi usurpé son autorité.

La réponse du général fut une approbation complète de la conduite du jeune officier.

Les prêtres français furent répartis entre divers diocèses et le seul archevêque de Tolède en recueillit cent.

En 1824, M. de Seguins allant de Paris à la Flèche, voir son fils, élève à l'École militaire, eut, pour compagnon de diligence, un vénérable curé de village qui était au nombre de ceux que la Corogne avait si bien accueillis.

Il y a trois grands pèlerinages dans le monde catholique, Rome, Jérusalem et Saint-Jacques de Compostelle, patron des voyageurs. Je suis allé à Rome j'avais été à Jérusalem, je devais venir à Saint-Jacques de Compostelle qui est bien mon patron et qui m'a protégé pendant ma longue vie nomade.

Nos ancêtres affrontaient autrefois les plus rudes fatigues, et s'exposaient à tous les dangers, pour faire pieusement, une fois dans leur vie, le pèlerinage de Saint-Jacques de Compostelle. Cette dévotion est bien abandonnée de nos jours; et l'on ne voit guère plus que des Espagnols dans la ville sainte qui a le bonheur de posséder les reliques de l'un des douze disciples du Seigneur.

Notre voyage en Galice avait pour principal objet une visite au tombeau du patron des Espagnols : nous avons pu, heureusement accomplir ce religieux devoir.

Un service de diligences, très bien organisé, établit une communication commode et rapide entre la Corogne et Santiago de Compostela. Les départs ont lieu trois fois par jour dans chaque sens, et la distance de cinquante et un kilomètres qui sépare les deux villes, est parcourue en six heures au plus.

Nous partons à sept heures du matin : la route est belle, bien entretenue, un peu poussiéreuse, mais très ombragée. On passe successivement par Palabea d'où l'on jouit d'un coup d'œil ravissant sur la baie dont on s'éloigne; Carral, petite ville industrielle, dans une position on ne peut plus pittoresque; Hervès, au débouché de la vallée de la Barcia; Puente de Abelleira ou la rivière est franchie sur un pont de la plus grande hardiesse ; Leira, halte de mi-chemin, où l'on croise la diligence venant en sens inverse ; Ordenet, ou l'on traverse la rivière Gindibon ; Santa Cruz de Montaos qu'arrose le Tambre et Sigueiro, d'où l'on aperçoit les tours de Compostelle.

La diligence s'arrête dans la *Rua de Villar*, à une heure après-midi, devant la porte de la *Fonda Vizcaina* où nous trouvons bon accueil et bon gîte.

Santiago de Compostela tire son nom de l'apôtre saint Jacques le Majeur, et de la tradition qui établit qu'une étoile fit découvrir le lieu où reposait le corps du saint patron de la catholique Espagne, *Campus Stellæ*, d'où Compostela.

Le roi Alphonse II y fit élever une chapelle convertie bientôt après en cathédrale, siège de l'évêché que le pape Léon III fonda à Compostelle, à la prière de Charlemagne. Le concile provincial de Compostelle, tenu en l'année 1056, édicta plusieurs ordonnances concernant la discipline ecclésiastique, entre autres celle qui imposait aux évêques et aux prêtres l'obligation de célébrer la sainte messe tous les jours, et aux clercs l'usage du cilice les jours de jeûne et d'abstinence. Vers cette même époque, le pape Pascal II ordonna que sept des canonicats de Compostelle seraient attribuées à des cardinaux ; et, vers l'an 1109, le même pape transforma en archevêché ce siège épiscopal qui était alors occupé par l'évêque don Diego Gelmirez.

La ville se forma peu à peu autour de la chapelle, fondée par le roi Alphonse II pour y recueillir et y faire vénérer les reliques de l'Apôtre de la Péninsule Ibérique et bientôt Compostelle devint le rendez-vous des pèlerins de toute la chrétienté. Environnée de collines, arrosée par deux petits cours d'eau, le Sar et la Sarela, vulgairement désigné sous le nom de *Rios de los Sapos*, les Rivières des Crapauds, elle est située sur un terrain mouvementé qui ne manque pas de pittoresque, mais son aspect est sombre, austère comme il convient à tout ce qui touche aux institutions religieuses ; et les teintes noires de la Basilique, assise sur une éminence, au centre de la vieille cité, ajoutent encore au respect qui s'impose et à l'émotion que l'on ressent.

La Cathédrale, telle qu'elle existe de nos jours, fut fondée, dans les dernières années du vie siècle, par l'évêque Pelaez, sur l'emplacement même du temple détruit par les Maures que guidait à la dévastation le kalife Al-Manzor.

Plus riche d'ornementation au dehors qu'au dedans, elle rappelle dans ses formes, l'église Saint-Sernin de Toulouse dont elle est l'exacte reproduction et sur les plans de laquelle elle fut édifiée. Elle a quatre façades, l'une sur la *Plaza Mayor*, ou de *El Hopital*, l'autre sur la *Plateria*, une troisième sur la place de *Quintina de los muertos*, et la quatrième sur la *Azabacheria*. La porte principale ouvre sur la *Plaza Mayor*, elle est encadrée de deux grosses tours surmontées de coupoles: la porte et la façade que l'on désigne sous le nom de *Obradoiro*, sont ornées de sculptures de la base au sommet; c'est un fouillis de statues parmi lesquelles se détache celle de saint Jaques, entouré de rois à genoux devant lui. A droite de l'église se trouve le cloître, construit vers le milieu du xvi⁰ siècle et flanqué de tours rondes à ses angles, de tours carrées sur ses côtés. La façade qui donne sur la *Plateria* est ornée d'une tour de construction plus récente: ses sculptures romanes portent une inscription datant de l'année 1078; c'est par la porte de la *Plateria* que le roi de France Louis le Jeune fit son entrée dans la Cathédrale, lorsqu'il

18.

vint en pèlerinage à Compostelle avant de partir pour la Terre-Sainte.

La place *Quintana de los muertos* était autrefois un cimetière affecté à la sépulture des chanoines de Santiago. La porte de la Basilique qui ouvre sur cette place, est désignée sous le nom de *Puerta Sancta*; c'est l'entrée ordinaire pour les pèlerins: elle est ornée d'un tympan dans lequel Saint-Jaques est représenté en costume de pèlerin, avec ses deux disciples Athanase et Théodore; il faut gravir quelques marches pour arriver à cette porte, le sol de la place se trouvant en contre-bas du niveau de l'église.

La place de l'*Azabecheria* est aussi désignée sous le nom de place de *San Martin*: son premier nom lui vient des chapelets de jais, *azabache*, que l'on y vendait pour l'usage des pèlerins; l'autre lui a été donné en raison d'un couvent de Bénédictins qui occupe l'un de ses côtés: on peut aller de la place de l'*Azabacheria* à la *Plaza Mayor* par un escalier et une galerie souterraine qui passe sous les bâtiments de l'Archevêché; cette disposition se retrouve dans plusieurs églises d'Italie, notamment au Dôme de Milan et à la basilique de Saint-Marc à Venise. La porte de l'*Azabacheria* est ornée d'une statue de Saint-Jaques, en costume de pèlerin, et de cariatides représentant des esclaves maures, enchaînés.

D'ordinaire la porte de la *Plaza Mayor* est close et on pénètre dans le temple saint soit par la porte de la place *Quintana*, soit par celle de l'*Azabacheria* : l'une et l'autre, de côtés opposés, donnent accès dans le grand transept qui, comme cela se voit très souvent dans les basiliques d'Espagne, sépare le maître-autel, placé sous le chevet du chœur qui occuppe le milieu de la grande nef.

L'église forme une croix latine, dont le dessin d'une admirable correction est encore mieux mis en relief par les dimensions de l'édifice et la hauteur de la nef qui mesure vingt-cinq mètres environ. La *Capilla mayor* qui renferme le maître autel, date de la fin du XVIe siècle : elle a remplacé une chapelle, plus ancienne de quatre cents ans, et a été bâtie sur les mêmes fondements. On y monte par des degrés de marbre ; elle est entourée d'une grille dorée. L'autel porte une statue gothique de saint Jaques, en pierre peinte et habillée d'un costume de pèlerin surchargé de pierres précieuses. Le saint est représenté assis, bénissant de la main droite et tenant de la main gauche un bourdon avec sa gourde: le bourdon trouvé dans son tombeau est placé sur une colonne de bronze auprés de la grille. Un escalier dissimulé derrière l'autel, permet aux pèlerins et aux fidèles de monter au niveau de la statue pour poser leurs mains sur ses épaules et baiser la pèlerine du saint: ce baiser s'appelle *El fin del Romage*, la fin du pèlerinage; et le pèlerin reçoit alors son certificat, *La Compostella*, en latin, signé par l'un des chanoines, *Fabricæ Administrator*, et scellé du sceau de la basilique.

La messe ne peut être célébrée à l'autel de la *Capilla Mayor* que par des évêques ou des chanoines de la cathédrale: on place alors sur l'autel une statue de saint Jaques, en vermeil, dont l'auréole est faite de rubis, et d'émeraudes, et on dépose la sainte hostie dans l'ostensoir d'argent ciselé, un chef-d'œuvre du Benvenuto Cellini espagnol Antorio de Arfe. A côté de l'autel brûle, jour et nuit, une lampe donnée par le grand capitaine Gonsalve de Cordoue; et, de la voûte, descend la chaîne de fer ouvragé qui soutient le grand encensoir, le *Bota fumeiro*, de six pieds de haut, qu'un mécanisme caché met en mouvement. Des deux côtés de la grille, deux Ambons avec des hauts et bas-reliefs dorés, représentent diverses batailles dont le succès a été dû à l'intervention de Santiago: puis, des statues gothiques et les grandes aumônières, *Las Limosneras*, pour recevoir les oboles des pèlerins.

Le transept est la partie la plus belle de l'église: les lignes architecturales sont d'une pureté dont rien n'approche. Le chœur est entouré de magnifiques boiseries: il est orné aussi d'une image de Notre-Dame de la Solitude placée sur un autel d'argent délicatement ciselé.

Les dix-huit chapelles latérales renferment une série de tombeaux, merveilles de sculpture; des bas-reliefs de pierre, des statues et des ornements de la plus grande valeur.

Le *Relicario*, reliquaire, contient des objets que l'on expose à la vénération des fidèles la *Sancta Espina*, une tête d'argent contenant celle de saint Jacques-Alphée et recouverte de pierreries; le calice d'or de *San Rosendo*; la croix byzantine d'Alphonse III qui semble sortie du même moule surnaturel que celle de *Los Angeles* de Oviedo: elle est faite de bois recouvert de filigranes d'or, de camées et de pierres précieuses.

Le *Tesoro*, trésor, est gardé dans une chapelle close, à laquelle on arrive par un escalier de pierre: le plafond ouvragé et scintillant de dorures, est d'une grande beauté. Il y a là des objets d'une valeur inestimable, tant au point de vue des souvenirs qui s'y rattachent, qu'en égard à leur valeur intrinsèque et artistique. Des ornements d'église, des vases sacrés, des tapis des Flandres, des dentelles inimitables; mais ce que l'on admire le plus, c'est l'urne de vermeil, surmontée d'une étoile de diamants, dans laquelle on dépose la sainte hostie le jour du vendredi saint. On conserve là aussi l'étendard, *Gaillardete*, de la galère capitaine des Turcs, prise à la bataille de Lépante et que Don Juan d'Autriche vint déposer lui-même aux pieds de la statue du patron de l'Espagne.

Il faudrait citer encore les tombeaux émaillés de *San Cucufato* et de *San Fructuoso*, et les sarcophages de Don Ramon, de Dona Berenguela, de Ferdinand II, également remarquables par leur travail et leur antiquité. Mais il nous faut surtout parler de la merveille des merveilles de la Cathédrale de Santiago, le *portico de la Gloria*, qui forme l'atrium de la basilique, entre la porte de la *Plaza Mayor* et la grande nef; les trois arches qui le composent sont ornées de sculptures du XIIe siècle, dans lesquelles ne on sait ce qui est le plus à admirer, ou la conception du sujet ou le fini de l'exécution:

le ciseau a fait vivre la pierre; là, tout est animé, tout respire et se meut.

Au milieu, Notre-Seigneur assis : saint Jacques, un peu plus bas, également assis, ainsi que les Évangélistes ; à leurs pieds, des anges adorateurs. Dans les archivoltes, les Prophètes en cercle, des anges emportant des âmes vers le ciel, des hommes, des femmes, des enfants sortant du purgatoire, des chérubins sonnant la trompette du jugement dernier, des scènes de l'enfer dont la vue fait frémir. Les cariatides qui soutiennent les arches sont un mélange de têtes humaines et de monstres d'un effet saisissant : tout cela était peint autrefois, on distingue sur la pierre des traces de couleur.

L'artiste Mateo s'est représenté lui-même, à genoux dans un coin, tenant dans la main une banderole sur laquelle on lit ce mot : *Architectus.*

On visite enfin, sous le *Portico de la Gloria*, une chapelle cryptique de style roman, que l'on désigne sous le nom de *La Cathedral Vieja*, la Vieille Cathédrale, et qui renferme des sculptures de Mateo que l'on admire encore après ce qu'on a vu. Cette chapelle forme une croix latine avec trois séries de colonnes qui séparent les nefs. Le maître-autel, son retable, les autels latéraux ornés des statues de la Vierge et de saint Jacques, sont de toute beauté.

L'impression que l'on a éprouvée, pendant ces heures passées dans l'un des sanctuaires les plus célèbres et les plus imposants de la Chrétienté, est réelle et profonde ; on en garde toujours l'ineffaçable souvenir.

Nous sommes de nouveau sur la place de l'*Azabacheria* et nous entrons dans l'immense couvent de bénédictins que le roi Ordoyne II fonda en l'année 912 et qu'il plaça sous l'invocation de Saint-Martin : cet édifice a subi de grandes transformations et, il faut bien le dire, de déplorables restaurations ; mais il n'en conserve pas moins des traces remarquables de ce qu'il dût être autrefois : dans ses cloîtres et ses cours, tout parle encore de sa grandeur passée. La chapelle est devenue une église paroissiale : le retable, qu'on dirait sorti des mains de Churriguerra, en a toute l'originalité mais aussi tout le mauvais goût : on y voit saint Jacques et saint Martin montés tous deux sur le même cheval ; le chœur Renaissance et les deux chaires de marbre compensent cependant le mauvais effet de cette scène, déplacée au-dessus d'un autel.

La *Plaza Mayor* est complètement entourée d'édifices affectés au culte, à l'enseignement ou à des œuvres hospitalières. L'un des côtés, comme nous l'avons dit, est occupé par la façade principale de la Cathédrale, le palais archiépiscopal et les dépendances du chapitre : sur les autres côtés, se dressent les bâtiments du Séminaire, le collège de *San Geronimo*, et l'hospice de *los Reyes* fondé en 1504 par les Rois Catholiques, Ferdinand et Isabelle, pour les pèlerines. Le portique est orné des statues des augustes fondateurs, et la chapelle est un véritable bijou de délicatesse. Trois cours, dont une à arcades gothiques et deux d'ordre dorique, donnent de l'air et de la lumière dans l'intérieur de ce vaste édifice : elles sont ornées de fontaines artistement ouvragées. La disposition des quatres bras dont l'hospice est formé et dont un autel monumental marque le point d'intersection, permet aux malades placés dans tous les étages d'entendre la messe sans avoir à sortir.

Nous avons visité les autres églises de Santiago de Compostelle, notamment celle de *Las Animas* avec ses sculptures enluminées, représentant les scènes de la Passion ; l'église de *San Félix de*

Colorio qui date du commencement du xive siècle et *Santa Maria de Conjo*, hors les murs, où l'on remarque un magnifique crucifix de grandeur naturelle, œuvre admirable du célèbre Hernandez.

Les couvents de *San Francisco* et de *Santo Domingo* nous ont intéressé; la chapelle du premier, devenue la paroisse de *San Francisco*, renferme de belles sculptures et quelques bons tableaux; le beffroi carré de *Santo Domingo* est une masse imposante qu'on ne se lasse pas de contempler.

L'Université, fondée en 1532 par l'archevêque Fonseca, possède une riche bibliothèque et voit ses cours assez suivis.

Parmi les promenades que fréquentent les habitants de Santiago de Compostelle, celle du *Campo grande de santa Susana* et celle du *Paseo de Afuera* méritent une mention spéciale; l'ascension du mont Pedroso ou celle du mont Altamira, situés l'un et l'autre à courte distance de la ville, dont la hauteur varie entre six et sept cents mètres, permet de se former une idée complète de la configuration et de l'aspect de la contrée, et d'admirer dans son ensemble, cette cité vénérable, que les pèlerins de tous les pays n'abordaient, autrefois, qu'à genoux.

Nous aurions pu aller de Santiago de Compostelle à Lugo, pour rejoindre là, la ligne ferrée qui nous eût ramené à Venta de Baños ; mais le voyage est long et fatigant, quatre-vingt-cinq kilomètres en diligence d'une seule traite, c'est trop. Nous sommes donc revenu de Santiago à la Corogne, en suivant la même route que nous avions déjà parcourue.

Les Asturies nous tentaient : nous nous demandions quel itinéraire il nous fallait suivre, quel système de locomotion il était plus sage d'adopter. Nous pouvions prendre le chemin de fer qui nous eût ramenés à Léon, où bifurquent les lignes de Galice et des Asturies ; mais l'idée de rester quatorze heures en wagon pour revenir sur nos pas, en traversant des contrées déjà vues, ne nous souriait guère : nous pouvions aussi nous arrêter à Lugo pour aller de là à Oviedo, en diligence, par Mondoñedo, Villanueva de Lorenzana, Castropol, Navia, Luarca, Salas et Peñaflor ; ceci nous plaisait mieux. Nous étions indécis, contre la coutume, mais, nous étions aussi arrivé, sans nous en douter, sur les quais, à l'embarcadère de *San Miguel*, toujours plein de vie et de mouvement parce que c'est le centre des opérations commerciales du port de la Corogne : c'est là que touchent les bateaux à vapeur de Liverpool, de Londres, du Havre, de Saint-Nazaire, de Bordeaux, de Bayonne, de Bilbao, de Santander, de Vigo, de Lisbonne, de Séville et de Cadix : et c'est là qu'on embarque, surtout pour l'Angleterre, des milliers et des milliers de bœufs, engraissés dans les riches pâturages de la Galice.

C'était un mercredi dans la matinée : un des bateaux à vapeur de la ligne de Séville à Bilbao, qui font chaque semaine le voyage dans l'un et l'autre sens, avec escales à Cadix, Vigo, Carril, la Corogne, Gijon et Santander, venait de jeter l'ancre par le travers de *La Alameda*; il repartait le soir même pour Gijon. Le temps était magnifique : la mer aussi tranquille qu'elle peut l'être à la pointe extrême de l'Europe qui est la première à recevoir le choc des flots de l'Atlantique venant en droite ligne et sans obstacle des bancs de Terre-Neuve; aucune tempête n'était annoncée par le *New-York Herald*; adieu les voies de terre, nous irons par mer, de la Corogne à Gijon.

Le *Triana* est un solide bateau à hélice, jaugeant un millier de tonneaux et tenant bien la mer. Partis de la Corogne à six heures du soir,

nous avons doublé vers dix heures le cap Ortégal
et le lendemain, à huit heures du matin, nous
sommes en rade de Gijon. Le service de la santé
ne se fait pas trop attendre : une heure après notre
arrivée, le bateau est amarré au quai de *Liquérique*
et un bon déjeuner à la *Fonda de la Iberia*, fait
vite oublier les épreuves de l'Océan. Gijon, la
perle des Asturies, comme disent ses habitants, est
une ville essentiellement commerciale et industrielle, d'un aspect tout à fait moderne, sans caractère, sans monuments dignes d'intérêt. Mais sa situation est ravissante, surtout vue de la mer. La baie,
abritée à l'ouest par les hauteurs du cap de *Torres*
et circonscrite à l'est par le cap *San Lorenzo*, forme
un croissant, du milieu duquel se détache le petit
promontoire de *Santa Catalina* qui la coupe en deux
parties à peu près égales : d'un côté c'est l'anse de
Somio, et de l'autre celle de *Pando*. L'église de
S^n *Juan* domine l'anse de *Pando* comme celle de
San Pedro domine celle de *Somio* : cette dernière,
posée sur un rocher battu par les flots, renferme
le tombeau du célèbre Jovellanos.

Les rues sont bien percées, les quais spacieux,
le port encombré de navires qui viennent y apporter les minerais de fer de Somorostro, destinés à

s'amalgamer avec les fers des Asturies dans les hauts fourneaux de Mieres et qui y chargent les charbons provenant des gisements houillers de Sama-Langreo, et des vallées de Lena et du Turon.

La fondation de Gijon remonte cependant à l'époque de la domination romaine : ce fut d'abord un Temple de la Fortune qu'un des proconsuls de Rome fit construire sur le promontoire qui porte aujourd'hui le phare de *Santa Catalina*: san Forcuato, disciple de saint Jacques, évangélisa, au début de l'ère chrétienne, les habitants groupés sur les versants de *Pando*: le duc de Cantabrie, Favila, y bâtit un palais que Pélage habita : la ville passa ensuite au pouvoir d'Henri de Transtamare; enfin, en 1393, elle fut prise par le roi Henri le Maladif, et réunie désormais à la couronne de Castille.

Rien ne nous retenant à Gijon, nous allons, le soir même, coucher à Oviedo.

La gare de départ est située au milieu du faubourg de *Corona* et contiguë à celle de la petite ligne de Sama-Langreo qui amène à leur port d'embarquement les charbons de ce bassin houiller. Nous avons trente-deux kilomètres à parcourir: les stations intermédiaires de Veriña, Serin,

Lugo de Llanera et Lugones n'offrent rien d'intéressant ; mais le paysage est pittoresque, les champs bien cultivés, les montagnes boisées ; partout l'œil se repose sur un fond de verdure et de fraîcheur.

Nous voilà au cœur même de la province des Asturies, dont les montagnards pleins de foi, furent sous la conduite de Pélage, les héros de Covadonga, et qui se distingue encore, entre toutes les provinces de l'Espagne, par la succession non interrompue d'hommes éminents qu'elle ne se lasse pas de produire et qu'elle donne avec orgueil pour la gloire de la patrie.

Les fils aînés des rois d'Espagne portent depuis plusieurs siècles, le titre de princes des Asturies ; légitime hommage rendu, par la couronne, à la vaillante contrée d'où étaient sortis les premiers soldats qui sapèrent, dans la Péninsule Ibérique, la domination des Maures : eux aussi avaient eu à en subir les rigueurs, mais ils ne l'avaient jamais acceptée.

Le climat y est doux, le ciel nébuleux, les montagnes élevées et les vallées profondes ; doux aussi le langage ; bonnes les mœurs et gai le caractère des Asturiens, pasteurs, laboureurs ou pêcheurs, qui se laissent, malheureusement en trop grand nombre, séduire de nos jours, par le mirage de l'émigration, tout en conservant vivace dans le cœur. et affirmant sans cesse, l'amour le plus ardent pour leur chère province.

Oviedo, la capitale des Asturies, est posée sur un mamelon, au milieu d'une délicieuse vallée fermée au nord par le mont *Naranco* et limitée par une série de collines se rattachant à la *Sierra del Aramo* : sa population atteint le chiffre de trente-cinq mille âmes, et son importance lui assigne le vingtième rang parmi les villes de l'Espagne.

Vers le milieu du viiie siècle, un moine bénédictin, dom Fromestan, fonda sur le monticule *Oveto*, une chapelle qu'il dédia à saint Vincent: le roi Favila trouva le lieu bien choisi et y fit construire une ville, Oviedo. Les Maures, conduits par Mahmoud, la saccagèrent sous le règne de Maurégat. Alphonse II le Chaste, en fit la résidence de la Cour et elle garda cet avantage jusqu'à ce que le roi Don Garcia eût fait de Léon, la capitale de ses États.

Des monuments somptueux, des richesses artistiques, de précieuses reliques, attestent les grandeurs qu'Oviedo a connues, le rôle qu'elle a rempli et la place qu'elle conserve.

C'est d'abord la Cathédrale, édifice gothique surmonté d'une tour qui fait l'orgueil des Asturiens mais que dépare malencontreusement une pyramide de style Renaissance posée à son sommet. Le maître-autel, le chœur et les dix-huit chapelles de l'abside et des nefs latérales, forment un ensemble de parfaite symétrie et de grande beauté. De magnifiques tombeaux, enchâssés dans les murs, conservent les dépouilles de rois, de reines et de princes que la mort a réunis dans cet imposant panthéon : on remarque surtout les sarcophages de Favila Ier, de Bernudo Ier, d'Alphonse II, de Ramir Ier d'Ordoigne, d'Alphonse III et de la trop célèbre doña Maraca. Mais parmi ces tombes il faut surtout remarquer celle du prince Silo sur laquelle sont gravées deux cent quatre-vingt-cinq lettres majuscules, formant un parallélogramme, qui ne renferme toutefois que ces mots : « *Silo princeps fecit.* » En partant de la lettre S, placée au centre, on peut lire deux cent soixante-dix fois cette curieuse inscription.

Au dessous se trouvent espacées les lettres :

H. S. E. S. S. T. T. L.

que l'on traduit ainsi : « *Hic situs est Silo. Sit tibi*

19.

terra levis. » (*Ci-gît Silo. Que la terre te soit légère.*)

D'origine sarrasine, le prince Silo avait épousé la sœur du roi de Léon, Aurèle, qui ceignit la couronne après avoir fait assassiner son frère Favila. A la mort d'Aurèle, survenue en 775, le prince Silo gouverna le royaume de Léon durant une dizaine d'années, pendant la minorité de Don Alphonso, fils du roi Favila, dont il usurpa les droits. Décédé en 783, Silo eut pour successeur son beau-frère Mauregat qui marcha sur ses traces en usurpant aussi la couronne de Don Alfonso, voué, paraît-il, aux spoliations de ses oncles; et si l'histoire est sobre de détails sur la vie de ce prince, l'originalité de son épitaphe semble vouloir arracher son nom à l'oubli (1).

Un escalier grandiose conduit à une chapelle annexe, que le roi Alphonse le Chaste fit édifier pour y placer les saintes reliques recueillies à Jérusalem: cette chapelle, que l'on désigne sous le nom de *Camara Santa*, est de style roman et renferme, entre autres trésors inappréciables, deux épines de la couronne de Notre-Seigneur, un morceau de la vraie croix, des langes de Bethléem,

---

1. Voir, à l'Appendice, la reproduction de l'épitaphe, p. 385.

un des plis du Saint-Suaire, un des trente deniers de Judas, une semelle de la sandale de saint Pierre, un lambeau de la peau de saint Barthélemy, des cheveux de saint Jean-Baptiste, de sainte Magdelaine et des Saints-Innocents, une main de saint Étienne, de la manne du désert, un morceau du bâton avec lequel Moïse fit jaillir l'eau du rocher et une amphore des noces de Cana. On y conserve la croix de la Victoire, que Pélage arbora sur les monts de Covadonga et la croix des Anges, en filigrane d'or, que les anges eux-mêmes, d'après la tradition, apportèrent du ciel au roi Alphonse II. A côté de la Cathédrale se trouve le cloître aux délicates ogives et aux naïves sculptures: on y remarque une belle statue du roi Alphonse XI et une série de tombeaux datant, pour la plupart, du xiie et du xiiie siècle.

L'église *San Tirso*, de style roman, fut fondée par Alphonse le Chaste : elle garde encore au milieu de son délabrement, des traces remarquables de sa splendeur passée. Tout auprès se trouvent les ruines imposantes de l'église *San Juan*. L'église *San Isidro* est ornée d'un fronton à colonnes doriques mais nue, à l'intérieur : elle appartenait à un couvent de Jésuites qui a disparu et elle est affectée aujourd'hui à un service paroissial, comme le sont aussi les églises qui faisaient partie autrefois, des couvents abandonnés de *San Francisco*, de *San Julian de los Prados*, et de *Santo Domingo*. La fabrique de fusils de guerre est établie à Oviédo, dans les dépendances de l'ancien couvent des Religieuses Bénédictines, fondé au xiie siècle sous l'invocation de *Santa Maria de la Vega* ; elle occupe un millier d'ouvriers. Cette fabrique de l'Etat est bien tenue, et suit de près tous les perfectionnements que les attachés militaires ne manquent pas de signaler.

L'Université reçoit environ deux cents étudiants : elle est installée dans un vaste bâtiment, bien disposé, bien aéré, avec des cours intérieures entourées d'arcades qui servent de promenoir couvert dans les intervalles des leçons. Les murs des salles sont ornés de portraits : ce sont ceux des hommes éminents qui, sortis de l'Université d'Oviédo, ont fait honneur à cette école par les hautes positions qu'ils ont occupées dans l'Église, dans l'armée, dans la marine et dans la vie politique, ou bien par leurs travaux, leurs écrits, leur éloquence, leurs leçons, leur notoriété dans les sciences et dans les arts, leurs grandes aptitudes en matière d'agriculture, de finance, de commerce et d'industrie.

Un arrêt à Oviédo a pour conséquence obligée l'ascension du mont Naranco, une visite à Trubia, une excursion à Las Caldas.

Le mont Naranco, aux teintes sombres et aux maisonnettes blanches éparpillées sur ses versants, se dresse à proximité de la ville, du côté du nord. Un chemin raboteux, qui n'est plus bientôt qu'un sentier escarpé, conduit, en moins d'une heure, de la gare du chemin de fer au sommet de la montagne. On gravit péniblement la rampe, sous les grands châtaigniers, en remontant le cours d'un frais ruisseau qui descend en cascades. Dès qu'on a atteint le faîte, la fatigue est bien vite oubliée en présence du tableau que présentent aux regards la ville d'Oviédo, groupée autour de la Cathédrale, et son admirable vallée. On comprend la vérité de ce dicton populaire : « D'Oviédo au ciel : au ciel un petit trou pour voir encore Oviédo. »

Le roi Don Ramir et la reine Dona Paterna avaient choisi le mont Naranco pour leur résidence d'été : ils y avaient fait construire un palais et des bains. Tout cela a disparu : on n'en retrouve même plus les ruines. Il ne reste debout que la chapelle de *Santa Maria* et celle de *San Miguel de Lino* ; la première, encore ouverte au culte, l'autre, complètement abandonnée ; toutes deux, véritables bijoux d'architecture qu'il est déplorable de trouver dans un pareil délabrement.

Une ligne ferrée de treize kilomètres, relie Oviédo à Trubia où le gouvernement espagnol exploite une fonderie de canons qui rivalise en tout et pour tout, avec la *Maestranza* de Séville. Douze cents ouvriers sont employés dans cette usine, qui est vraiment à la hauteur de sa réputation et qui marche de pair avec tous les progrès de l'artillerie moderne. Un établissement métallurgique, fondé il y a une trentaine d'années par des particuliers, se trouve un peu au delà des bâtiments de la fabrique de l'État ; il produit des fers forgés et laminés justement appréciés pour leur emploi industriel.

Les bains de Las Caldas d'Oviédo sont situés à huit kilomètres de la ville, sur les bords du Nalon que les poëtes espagnols ont chantés maintes fois : on s'y rend en suivant une belle route, très accidentée, au milieu d'un paysage de la plus grande beauté. Les eaux sont azotées-salines, incolores et inodores, et leur température est de

quarante-trois degrés centigrades. L'établissement
thermal se compose de deux grands bâtiments
placés vis-à-vis l'un de l'autre, aux deux côtés de la
route et réunis par un pont couvert qui la traverse
sans gêner la circulation : on trouve à se loger
dans l'établissement, dans l'hôtel qui en dépend
et dans quelques maisons qui sont groupées aux
alentours. Une chapelle, suffisamment spacieuse,
est annexée aux constructions principales et, près
de là, un vaste hôpital est ouvert aux malades pauvres de la contrée.

Les eaux de Las Caldas s'emploient aussi bien
en boisson qu'en bains, en douches et en inhala-
tions : elles sont efficaces pour le traitement des
maladies de l'estomac, de la vessie, des bronches
et du sang ; on les applique, avec non moins de
succès, pour la guérison des fractures, de la para-
lysie et des rhumatismes.

De belles allées, des sites ravissants, un air pur,
les plaisirs de la pêche, un calme profond, un
repos assuré, ajoutent aux vertus médicales des
sources de Las Caldas les séductions de la nature
et les bienfaits de quelques jours consacrés à l'oubli du monde et de ses prétendus plaisirs.

CHAPITRE X

Nous partons d'Oviédo à midi, pour arriver à Venta de Baños, à minuit et y prendre le train qui nous déposera à Burgos entre quatre et cinq heures du matin.

On touche successivement aux stations de El Caleyo, sur les bords de la rivière Gafo ; de Las Segadas qui dessert la riante vallée de Barco del Soto ; de Olloniego, bâtie, s'il faut en croire les traditions asturiennes, sur les ruines de Lancia, la célèbre cité romaine, dont le véritable emplacement donne lieu, en Espagne, à autant de contes-

tations entre savants que celles d'*Alésia* en France;
et après avoir dépassé Ablanda, qui n'est en réalité
qu'un entrepôt de fers et de charbons, on se trouve
tout à coup dans une atmosphère de poussière et
de feu qui rappelle les environs de Saint-Étienne,
dans la Loire, ou ceux de Wolverhampton, en Angleterre. Ce sont les hauts fourneaux, les pudlers,
les forges, les ateliers, les magasins, les dépendances de la Compagnie de Mières, qui occupe
plus de trois mille ouvriers et dont l'importance
comme la renommée, n'ont rien qui les égale dans
toute l'Espagne.

La petite ville de Mières del Camino a donné
son nom à cette grande exploitation : le fer est
à ses pieds, le charbon tout auprès et les futaies
de chênes et de châtaigniers encadrent doucement
cette fournaise en ébullition, ces chantiers reten-
tissants. Elle est assise sur les bords du Caudal,
aux pieds des monts Tablado et de La Matinada;
on y voit de belles habitations, que semblent pro-
téger les tours massives du vieux manoir des marquis de Campo Sagrado, la Casa de Quirós, la première après Dieu, comme dit sa légende : *Después
de Diós, la Casa de Quirós;* elle possède une excellente école de chefs mineurs et de contremaîtres

et elle est le siège du syndicat de la vallée, qui représente une population d'environ quinze mille âmes répartie dans une centaine de hameaux.

On passe ensuite, par les stations de Santullano, au pied de la *Sierra de Gallegos*; de Ujo, qui reçoit les charbons de la vallée du Turon; de la Pola de Lena, où l'on exploite des mines de cinabre; de Campomanes, au confluent de la Huerna et du Pajares, d'où l'on aperçoit, sur la cime d'un mamelon voisin, la vieille église de *Santa Cristina de Lena* dont l'étrange construction présente, dit-on, autant d'angles que l'année a de jours, et l'on arrive à Puente de los Fierros, dont la station est posée comme un nid d'aigles sur une arête du mont Fresnedo, dominant le ravin de la Veguellinas.

Nous sommes déjà à cinq cent quinze mètres au-dessus du niveau de la mer, dont les flots étaient presque à notre portée au départ de Gijon; mais pour atteindre les plateaux de la Castille, dans la province de Léon, nous avons à franchir la chaîne des monts Cantabriques, en décrivant sur leur versant les courbes les plus fantastiques et les lacets les plus compliqués. La route de voitures trace encore son blanc sillon de dix-huit kilomètres à travers la montagne et le col de Pajares ; la distance parcourue par la ligne du chemin de fer est de quarante-trois kilomètres pour le même trajet, cinquante-neuf tunels, des remblais gigantesques, des ponts, des viadues qu'on dirait suspendus dans les airs ; tous ces travaux de l'art moderne accusent les difficultés qu'il a fallu vaincre et les sommes fabuleuses qu'il a fallu dépenser.

Le rendement médiocre d'un grand nombre de lignes de chemins de fer, en Espagne surtout, provient bien moins de l'insuffisance du trafic que des frais énormes de premier établissement, du coût de l'exploitation et des réparations continuelles ou de la réfection qu'exige un matériel plus promptement détérioré sur des rampes très fortes, avec des courbes très accentuées.

Les stations de Malvedo, Linares et de Navidiello précèdent celle de Pajares, dominant à de grandes hauteurs la vallée du même nom, et dominée elle-même par le village ainsi désigné, en raison des approvisionnements de paille, *Paja*, qu'on y faisait autrefois, pour la nourriture des bêtes de trait ou de somme employées aux transports entre la Castille et les Asturies. L'arrêt du train permet de s'accouder un instant sur la balustrade de la station d'où l'ont peut admirer le magnifique tableau des vallées inférieures que l'on a dépassées, et revoir Puente de los Fierros à six cent vingt mètres en contre-bas : ce panorama présente beaucoup d'analogie, à l'essence des arbres près, avec celui dont on jouit à la station de Klam, sur la ligne du Semmering, entre la Styrie et la Basse-Autriche.

Le point culminant de la ligne des Asturies, à la cote de douze cent quatre-vingt-trois mètres, se trouve sous le grand tunnel de la Perruca, d'une longueur de trois mille quatre-vingt-cinq mètres, qui perfore le Bombiellos à une centaine de mètres de son sommet. Ce nom de Perruca, grand chien, lui vient d'un lion de pierre, ébréché par le temps, qui marque en ce lieu, sur la route des voitures, la limite des Asturies et de la Castille. Les Espagnols sont enclins à saisir et à mettre en relief le côté plaisant de certaines effigies : c'est ainsi que les monnaies de billon de dix et cinq centimes, frappées en 1870 et qui portent sur l'une de leurs faces un lion ridiculement posé, ne sont désignées, d'un bout de l'Espagne à l'autre, que sous les noms de *Perro grande* et de *Perro chico*, chien grand et petit, et il est vraiment curieux, quand on demande la valeur d'un objet de peu de prix, d'entendre dire qu'il vaut tant de *Perros grandes* ou de *Perros chicos*.

A partir du tunnel de la Perruca on descend à toute vitesse. La station de Busdongo aussitôt dépassée, on voit, à courte distance, la collégiale des Arbas qui rappelle la légende d'un moine laboureur. Ce moine s'étant endormi à l'heure de la sieste, et voyant à son réveil un ours en train de dévorer un de ses bœufs, s'élança, dit-on, sur la bête féroce et, bon gré mal gré, l'attela à sa charrue avec le bœuf qui lui restait.

Puis vient la station de Villamanin où l'on exploite des mines de cuivre et de cobalt, mais dont la prospérité est peut-être plus solidement assurée encore, par l'industrie de la conserve des jambons de Galice et des Asturies qui s'y pratique depuis fort longtemps, sur une vaste échelle. Les troupeaux de l'Estramadure viennent dans ces parages, chercher leur pâture pendant les mois d'été : enfin, près de là, l'établissement thermal de Villannova de la Tercia, avec ses sources dont la température est de trente degrés centigrades, offre une installation primitive mais peu coûteuse, aux malades atteints de rhumatismes, de névralgies, de la goutte ou de gastrites, qui viennent y demander leur guérison, et qui y trouvent, au moins, un soulagement.

La station de la Ciñera est encombrée de charbon provenant des mines de Santa Lucia et de Matallana. Celle de la Pola de Gordon reçoit des marbres, que l'on scie pour les employer dans l'industrie, ou que l'on brûle pour en faire de la chaux : il y a aussi, sur ce point, un grand trafic de bêtes à laine, et de chèvres dont la chair conservée constitue le principal aliment des populations du pays de Campos.

La Robla, qui vient après, pourrait acquérir plus d'importance si, au transport des charbons provenant des mines d'Aviados, s'ajoutait l'exploitation des lignites, du jais et du feld-spath dont il existe aux environs des gisements à peu près vierges. On aperçoit sur une colline, les ruines du château d'Alba d'où est sortie la grande famille qui porte encore de nos jours ce titre ducal.

Nous dépassons la station de Santibanez, et nous entrons en gare de Léon, où il faut attendre pendant plus de deux heures, l'arrivée du train venant de la Galice, ce qui nous permet de dîner tant bien que mal au buffet et même de pester encore contre l'organisation si défectueuse du service des voyageurs sur la plupart des lignes de chemins de fer espagnols.

La nuit est venue : le train est signalé. Vite un coin dans un wagon à peu près vide et un bon somme jusqu'à Venta de Baños, où nous avons à nous morfondre, de minuit à deux heures et demie du matin, pour attendre le train venant de Madrid, qui doit nous transporter à Burgos.

Rien de froid comme ce plateau des Castilles, surtout avant la levée de l'étoile du Berger; rien de pénétrant comme la bise qui souffle toujours à travers ces solitudes, sur ces plaines désolées. Nous dépassons, pendant la nuit, Magaz et les ruines de son vieux château; Torquemada, Quintana, Villodrigo, Villaguiran, Estepar, Quintanilleja, et nous arrivons, avant l'aube, en gare de Burgos.

Un omnibus aux ressorts détraqués nous fait traverser l'Arlanzon sur le pont de la Calera et longer la promenade de l'*Espolon Viejo* jusqu'à la rue de Vietoria, où nous prenons, à l'espagnole, un chocolat matinal, à l'*Hôtel de Paris*.

Voici donc l'ancienne capitale du royaume de

Castille, aussi célèbre par son histoire que remarquable par ses monuments mais peu favorisée par son climat.

Burgos, l'antique *Bracelum* des Romains, est située au pied d'une haute colline, contre laquelle elle est adossée : la rivière Arlanzon, affluent du Pisuerga qui déverse ses eaux dans le Duero, au sud de Valladolid, court de l'est à l'ouest, le long des murailles, entre la rue de Victoria et le *Paseo Nuevo de la Quinta*, le *Paseo de l'Espolon Viejo*, et le *Paseo de l'Espolon Nuevo*, le faubourg de *La Merced* et le *Paseo de Los Cubos*. Burgos dort à l'ombre de son vieux château, dominée, écrasée sous les masses énormes de sa splendide Cathédrale, l'une des plus belles de l'Europe sans contredit.

Au ixe siècle, Diego de Porcelo et Nuño Belchide firent sortir cette ville antique de l'obscurité dans laquelle elle restait oubliée et les rois de Léon la tenaient pour l'un des plus précieux joyaux de leur couronne, lorsque, en 926, elle secoua le joug de Fruela II et devint cité libre, gouvernée par des chefs pris dans la ville même, les Nuño Rasura, les Lain Calvo, et d'autres, jusqu'à Fernan-Gonzalez qui se fit proclamer comte de Castille

20

et transmit le pouvoir à ses descendants. L'arrière-petit-fils du premier comte de Castille, Don Fernando, par son mariage avec Doña Sancha, réunit sous son sceptre, en 1065, les royaumes de Castille et de Léon et, vingt ans après, son petit-fils, Alphonse VI, abandonna sa résidence de Burgos pour faire de Tolède la capitale de son royaume.

Évêché depuis l'an 1075, le siège de Burgos fut élevé à la dignité archiépiscopale en 1578, par le pape Grégoire XIII, à la demande du roi Philippe II.

L'Église conserve certaines règles établies dans les synodes qui y furent tenus en 1377, 1411, 1474, 1499 et 1500.

Burgos est aujourd'hui le chef-lieu de la province à laquelle elle donne son nom; le siège d'une capitainerie générale et d'une Cour d'appel : elle est peuplée de trente-cinq mille habitants.

La Cathédrale de Burgos, véritable joyau de l'art gothique, admirable dans ses formes, sa hardiesse et sa légèreté, dessine dans la limpidité du ciel des Castilles ses proportions géantes, couronnées de dentelles de pierre dont la délicatesse semble incompatible avec la matière dans laquelle elles furent taillées ; ses flèches percées à jour, s'élancent à environ cent mètres de hauteur. De loin, on ne voit qu'elle avec le mont voisin qui fait fond au tableau : de près, les maisons de la ville, profitant des ondulations du terrain, l'enserrent, grimpent autour d'elle et masquent trop les détails de la partie inférieure de l'édifice.

Partout ailleurs qu'en Espagne, cette merveille d'architecture serait depuis longtemps débarrassée de ces malencontreuses excroissances, de cette végétation parasite qui jurent auprès d'elle.

Sa fondation remonte à l'année 1221, sous le règne de Ferdinand III, roi de Castille et de Léon ; et les travaux de construction, soumis à un plan heureusement respecté, furent activement poussés et menés à bonne fin sous le règne de ce monarque et de ses successeurs Don Alphonse le Sage, Don Sancho le Vaillant et Don Fernando l'Ajourné.

Il faudrait consacrer des mois à étudier dans leurs détails les richesses artistiques qui y sont accumulées : ne pouvant pas nous livrer à cette étude, nous avons dû nous contenter de les voir.

La façade principale, tournée vers l'ouest, donne sur une place étroite et longue, où l'on monte par une série d'escaliers de pierre de vastes dimensions : nue jusqu'à la rosace, elle manque de majesté ; on voit bien que cette partie n'a pas été achevée, ou qu'elle a subi à une époque déjà lointaine, des dégradations qui ont fait disparaître jusqu'à la trace de l'ornementation qu'elle a pu avoir un jour. Les portes de cette façade sont fermées le plus souvent et l'on pourrait se dispenser de venir là, pour constater une imperfection que l'Espagne devrait avoir à cœur de faire disparaître, si l'on n'y était attiré par le désir de s'approcher le plus possible des flèches incomparables de cette cathédrale qui n'a guère de rivales auxquelles on puisse la comparer.

On entre d'ordinaire par a porte de *El Sarmental* qui donne accès à l'extrémité d'un des bras de la croix latine dont l'église est formée, et l'on va se placer d'abord au milieu de la croisée, pour embrasser d'un coup d'œil l'ensemble du vaisseau composé d'une nef principale et de deux nefs latérales.

La chapelle du maître-autel est séparée du chœur par toute la longueur de cette immense croisée. L'autel est encadré par un retable à trois compartiments, où le ciseau a retracé dans le marbre et dans la pierre, des scènes de la vie de la très sainte Vierge et le crucifiement, en entourant ces pieux sujets de statues d'apôtres et de saints.

Tout autour, des tombeaux de princes et de princesses de Castille : sur l'autel, une statue de la Vierge Marie en argent repoussé ; aux côtés, des lampadaires d'argent et, suspendue à la voûte, la bannière que le roi Alphonse VIII portait à la bataille de Las Navas de Tolosa où la domination des Maures, en Espagne, reçut un coup dont elle ne se releva pas.

Le chœur est garni de cent stalles en bois de noyer, que l'on cite comme un modèle parmi les chefs-d'œuvre de l'art.

Quatorze chapelles sont rangées dans les nefs latérales : par leurs dimensions et leur disposition, elles constituent, pour ainsi dire, autant d'églises séparées quoique comprises dans le même monument.

La chapelle du *Santisimo Christo* renferme un crucifix de la plus haute antiquité, qui est l'objet d'une grande vénération et qu'entourent sans cesse de pieux adorateurs.

On admire surtout, dans celle de *Santiago*, les magnifiques tombeaux des seigneurs de la maison de Velasco et, dans celle de *San Enrique*, les sarcophages de plusieurs prélats.

Les panneaux enluminés de la chapelle de *San*

Juan de Sahagun retracent des scènes de la Passion : cette chapelle renferme aussi une statue remarquable de la Vierge de Oca et le tombeau du Bienheureux Lesmés. Dans la chapelle de *Santa Ana*, un retable en bois colorié, représentant la naissance de la sainte Vierge ; la statue de l'évêque Acuna, et celle de Don Fernando Diez, du style gothique le plus pur : cette chapelle est la propriété des ducs d'Abrantés, l'une des plus anciennes familles de la noblesse espagnole, et elle est entretenue à leurs frais.

La chapelle de *La Presentacion* est du style Renaissance dans toute sa pureté. Elle possède une toile admirable de Sebastien del Piombo, la Vierge avec l'enfant Jésus ; des tombeaux de chanoines du chapitre de Burgos garnissent son enceinte et sont enchâssés dans ses murs.

Celle de *La Visitacion* est ornée de peintures retraçant les principaux actes de la vie de Notre-Seigneur Jésus-Christ et possède un tableau, de grand prix, représentant la Vierge Marie sous l'invocation de *Nuestra Señora de Oca.*

Dans la chapelle de *Santa Isabel*, on voit le tombeau de l'évêque Don Alonso de Cartagenaqu'on ne se lasse pas d'admirer et dans celle de *Santa Cata-*

lina, les portraits de tous les prélats qui se sont succédé sur le siège archiépiscopal de Burgos.

Une grille en fer forgé, chef-d'œuvre du célèbre Cristobal Andino et qu'un sacristain spécialement attaché à son entretien, est chargé d'ouvrir et de fermer, établit une barrière aussi belle que rigide, entre les dépendances de la cathédrale de Burgos soumises à l'autorité du chapitre et la chapelle du Connétable, *El Condestable*, propriété de la famille des Fernandez de Velasco, ducs de Frias, sur laquelle le chapitre ne possède aucun droit. Ce sont les ducs de Frias qui font tous les frais du culte et de l'entretien, en vertu et comme conséquence d'une fondation à laquelle sont affectées des sommes importantes à prélever par privilège et avant tout, sur les revenus de certains biens inaliénables et des fidéi-commis ; ce sont les ducs de Frias qui présentent à la nomition, à faire par l'archevêque de Burgos, les prêtres qui sont seuls investis de fonctions sacerdotales à exercer dans la chapelle du *Condestable*. Cette chapelle n'a peut-être pas sa pareille au monde, comme richesse et comme beauté. Elle est de forme octogone et se compose de trois chapelles renfermées dans une seule. Le milieu de cette nef est occupé par le tombeau monumental du fameux connétable Don Pedro Fernandez de Velasco, décédé en 1490.

Le sarcophage, de dimensions énormes, est fait de marbre rose provenant des carrières de La Bureba : les statues du connétable et de sa femme, taillées dans un seul bloc de marbre de Carrare, sont couchées au-dessus. Le retable est orné d'une Vierge de Leonardo Vinci : les tryptiques sont fouillés avec délicatesse, et les détails de la voûte sont d'un fini exceptionnel. La sacristie de cette chapelle renferme des richesses inappréciables, notamment une Magdeleine d'une indicible expression et d'un rare coloris, des croix d'or émaillées, des vases sacrés, des ornements d'autel, et une foule d'objets précieux que les ducs de Frias, de générations en générations, se sont appliqués à accumuler autour du tombeau de leur illustre aïeul.

On montre, dans la grande salle du chapitre, un vieux coffre bardé de fer, pendu à la muraille : c'est le coffre du Cid, sur lequel un Juif de Médina prêta à Don Rodrigo Diaz de Bivar une somme considérable pour l'une de ses expéditions, se trouvant, chose rare chez un sémite, suffisamment garanti par la parole du gentilhomme et par un gage même sans valeur, donné par ce héros.

La *Sacristia Vieja* contient des ornements d'église, aussi remarquables par leur beauté que vénérables par leur antiquité. Le plafond est d'un travail exquis ; sur les parois, on admire une descente de croix ainsi que des sujets de chasse se rattachant à une pensée religieuse ou à un fait miraculeux.

Sur le tympan de la *Puerta Principal*, dans l'intérieur de l'église, on montre une figure grotesque représentant probablement la tête de quelque chef des Maures que le Cid avait occis. Comme cette figure a la bouche grande ouverte, elle est généralement désignée sous le nom de *Topa-Moscas*, gobe-mouche, mais on ne s'explique pas pourquoi on lui a donné le costume rouge d'un général anglais.

Le cloître est attenant à la cathédrale, du côté du sud : il communique directement avec la *Sacristia Vieja*. C'est un monument grandiose du XIVᵉ siècle, élevé de deux étages et admirablement sculpté. Sur la porte, le baptême de Notre-Seigneur, l'entrée à Jérusalem et la descente aux enfers ; dans la chapelle *San Jéronimo*, un retable Renaissance de grande valeur et, parmi les statues, nous avons remarqué surtout celles d'Abraham, de saint Jacques, du roi saint Ferdinand, de la reine Doña Béatrix, de même que, sur l'une des parois, une adoration des Mages, saisissante d'expression et de vérité.

Après la cathédrale les autres églises de Burgos offrent peu d'intérêt et cependant, partout ailleurs, plusieurs d'entre elles seraient dignes d'attention.

Santa Agueda, ou plus communément *Santa Gadea* est un monument gothique qui ajoute au mérite de son architecture, le souvenir d'un événement historique accréditant à travers les âges, le respect que les Rois eux-mêmes professaient pour le Cid. C'est dans cette église que le roi de Castille, Alphonse VI le Vaillant, vint jurer entre les mains du Cid qu'il n'avait pas trempé dans l'assassinat de son frère le roi Don Sanche, tué à Zamora en 1072.

San Esteban, du xiii⁰ siècle, est remplie de tombeaux : on y voit aussi une Cène qu'on dirait inspirée par le chef-d'œuvre de Léonard de Vinci dans le couvent de Santa Maria delle Grazie à Milan, bien qu'elle soit de beaucoup antérieure à l'époque où le grand maître de l'École lombarde maniait le pinceau.

On admire à *San Nicolas* un retable reproduisant des scènes de la vie de ce saint, des figurines flamandes aussi finement taillées qu'étrangement conçues, et un tableau représentant saint Luc, le pinceau à la main, devant un chevalet.

San Gil est riche de sculptures et de peintures flamandes parmi lesquelles se détache une descente de croix avec la Vierge, saint Jean et sainte Marie-Magdeleine ; on y voit aussi de beaux retables et de magnifiques tombeaux. Une chaire en fer, d'un travail parfait, fixe surtout l'attention, dans cette belle église gothique située au nord de la ville, entre la cathédrale et le château.

Le château des comtes de Castille et des premiers souverains de ce royaume, fut bâti en l'an 890 par les soins de Belchite : posé sur une éminence et à demi ruiné, il évoque des souvenirs historiques du plus grand intérêt : du haut de ses murailles, le regard embrasse les immenses plaines que limitent, de leur cercle bleuâtre, les monts de la Lora et de la Bureba, les *Sierras* de la Demanda et de Covarrubias.

Dans la *calle Alta*, se dresse l'Arc de Fernand Gonzalez que le roi Philippe II fit élever en l'honneur du premier Comte de Castille, véritable fondateur du royaume d'Espagne. Dans la même rue, deux obélisques marquent l'emplacement qu'occupait la maison dans laquelle le Cid naquit, en 1026, et où il mourut en 1099, car cet invincible champion de cent combats ne trouva pas la mort sur un champ de batailles et s'endormit dans la paix du Seigneur, sous le toit qui avait abrité son berceau.

L'Arco de Santa Maria, qui donne accès, de l'intérieur de la ville au *Paseo del Espolon Viejo*, est une construction massive et non sans élégance, du xve siècle. On y voit les statues de Fernand Gonzalez, du Cid, de Lain Calvo, de Diego Porcelo, de Nuno Rasura et d'autres personnages qui ont figuré avec éclat dans l'histoire de Burgos.

L'Hôtel de Ville, *Casa Consistorial*, formant l'un des côtés de le *Plaza del Mercado*, et qu'entourent des maisons portant le cachet artistique des constructions du moyen âge, possède, depuis quelques années seulement, un trésor qui lui vient du couvent de San Pedro de Cardena : ce sont les ossements du Cid Campeador ; son squelette, son crâne et une urne renfermant ses cendres. Le squelette, sans tête, de la douce Chimène, retrouvé dans le même couvent, est placé dans une châsse, précieusement ouvragée, auprès des restes du héros dont elle partagea la gloire et dont elle fit le bonheur.

Aux environs de Burgos, deux monuments, célèbres dans les fastes artistiques, ne sauraient manquer d'être visités : ce sont le couvent de Las Huelgas et la Cartuja de Miraflores.

On prend une voiture et, en quelques heures, on accomplit ce double pèlerinage qui s'impose à tous ceux qui viennent admirer les merveilles de Burgos.

Sortant de la ville par le *Paseo de l'Espolon Viejo*, on franchit l'Arlanzon sur le pont de La Calera et, suivant la rue de *La Merced*, on trouve, en face de la gare, la route bordée de peupliers qui mène au couvent de las Huelgas et a *El Hopital del Rey*. Le couvent de Las Huelgas fut fondé, l'an 1187, par le roi Alphonse VIII le Bon, à la prière de sa femme, la reine Eléonor, fille du roi d'Angleterre Henri II. Des religieuses de l'ordre Cistercien s'y établirent dès la première heure, et ce sont des religieuses du même ordre qui l'occupent encore aujourd'hui : une des conditions essentielles pour l'admission dans l'ordre, est d'appartenir à la noblesse ; les plus grandes familles de l'Espagne sont représentées dans ces froides cellules que la prière seule vient réchauffer. Les règles claustrales, rigoureusement observées, ne permettent pas aux hommes l'entrée du couvent et des cours à ogives; le roi et sa suite sont seuls exceptés de cette prohibition, quand un monarque vient à passer dans la contrée: les femmes sont admises quelquefois, sur l'autorisation de l'Abesse mitrée, qui porte le titre purement honorifique de *Senora de horca y cuchillo*, dame de hart et de glaive, *la première après la reine, par la grâce de Dieu*, comme le déclarent tous les documents signés de sa main.

La chapelle royale renferme les tombeaux des rois Alphonse VII, Alphonse VIII, Henri Ier, Ferdinand III, Alphonse X et des reines Doña Eléonor, Doña Urraca et Doña Beatrix, ainsi que ceux de plusieurs princes et princesses, leurs enfants. C'est dans cette chapelle que les rois de Castille venaient faire la veillée des armes, avant de recevoir l'investiture de chevalier et c'est ici que le roi d'Angleterre, Edouard Ier, eut, pour parrain de chevalerie, le roi de Castille, Alphonse X le Sage. On conserve dans la chapelle de *Santiago*, une statue du patron de l'Espagne et l'étendard des Maures pris à la bataille de Las

Navas de Tolosa. Les tapisseries brodées d'or, qui ornent cette chapelle, datent des premières années du xvie siècle ; elles sont aussi remarquables par la finesse du travail que par la richesse du tissu qui garde encore toute sa fraîcheur et tout son coloris.

A quelques pas du couvent de Las Huelgas se trouvent les constructions monumentales de *El Hospital del Rey* qui fut longtemps affecté aux pèlerins nécessiteux. On y remarque de belles sculptures, notamment celles qui représentent Adam et Eve, saint Jacques et saint Michel.

Revenant par le faubourg de *Santa Dorotea*, le *Paseo Santa Clara* et le *Paseo Nuevo de la Quinta*, on arrive à la Cartuja de Miraflores, construite vers le milieu du xve siècle, sur les ruines du Palais de Henri III le Maladif, par le roi Don Juan II son fils et transformée, ou pour mieux dire, achevée par les soins de la reine Isabelle la Catholique. Le couvent est habité par des Chartreux.

La chapelle, dont Jean de Cologne avait fourni le plan et dirigé les traveaux, est un vaste édifice, à cinq nefs, de quarante-cinq mètres de long et de vingt-cinq de haut.

Le chœur occupe le milieu de la nef principale :

il est entouré de boiseries artistement sculptées. Le retable du maître-autel retrace des scènes de la Passion : la chapelle de saint Bruno contient quelques tableaux sur bois et une belle statue du fondateur de l'ordre des Chartreux ; et la chapelle de Miraflores possède une image de la Vierge, du travail le plus délicat. Nous avons surtout remarqué le tombeau du roi Don Juan II et de la reine Doña Isabelle, un des rares spécimens de l'emploi de l'albâtre dans une œuvre d'architecture : le roi et la reine sont représentés, couchés l'un à côté de l'autre et drapés dans leurs manteaux de cour : aux angles du sarcophage, des lions soutiennent l'écusson royal ; les parois du monument funèbre sont couverts de sujets tirés du Nouveau-Testament et, dans une niche, sur l'un des bas-côtés, on voit la statue de l'Infant Don Alphonse, agenouillé auprès de ceux qui l'avaient précédé dans la tombe.

Il nous reste maintenant à parcourir la distance qui nous sépare des frontières de France, en faisant un crochet pour visiter, le monastère de Saint-Ignace de Loyola.

Nous partons de Burgos à quatre heures du matin. Après avoir dépassé Quintanapalla, nous franchissons, entre Santa Olalla et Briviesca, le col de la Brujula, qui marque la limite des plateaux de la Castille, et nous traversons les défilés de Pancorbo, qui nous feraient frémir si nous n'avions pas vu Ronda: on aperçoit ici les ruines du Palais de Roderic, le dernier des rois Visigoths.

Voilà Miranda, dans son enceinte sombre, au pied de son vieux donjon, sur les bords de l'Ebre. Les voyageurs pour la ligne de Saragosse et de Pamplune par Haro, Loyrono, Castejon, Tudela et Las Casetas, de même que les voyageurs pour la ligne de Bilbao, par Orduna et Amurrio, changent ici de voiture.

Puis viennent Manzanos qui possède l'une des principales minoteries du nord de l'Espagne, et Nanclares de la Oca, sur le Zadorra, dominée par le vieux château de Arganzon. Nous sommes entrés dans la plaine de Victoria, sur laquelle sont éparpillés une trentaine de villages et une cinquantaine de hameaux et qu'un cercle de très hautes montagnes entoure de toutes parts.

Victoria est l'une des plus jolies villes de l'Espagne; nous pouvons en juger en passant, car la voie la contourne.— La gare est placée à l'extrémité du quartier neuf, et dominant, du haut du remblai sur lequel elle a été construite, les charmantes promenades de la Florida, du Prado où sont rangées les grandes statues en pierre de tous les rois Visigoths, et de l'avenue de *La Estacion*, bordée de belles maisons avec leurs balcons saillants dans leurs cages de verre. C'est la capitale de l'Alava, l'une des trois provinces basques, et le siège d'une capitainerie générale dont dépendent Bilbao, Pampelune et Saint-Sébastien. Sa population est d'environ vingt-cinq mille âmes et doit s'augmenter sans doute, à en juger par les constructions nouvelles que l'on voit s'élever. La situation est ravissante, le paysage couvert de verdure et empreint de fraîcheur.

En nous éloignant, nous remarquons la vieille ville posée sur un mamelon qu'elle recouvre en entier et au milieu de laquelle se détachent les clochers de *Santa Maria* et de *San Miguel*.

Alegria est au pied de la *Sierra de Arlaban* dont l'un des contreforts porte les ruines majestueuse du château de Guevara, le berceau de l'illustre famille des Ladron de Guevara.

Salvatierra, que l'on rencontre après, a l'aspect d'une grande ville et n'est qu'un gros bourg : l'illusion qu'elle cause provient de la position élevée qu'elle occupe au-dessus de la plaine, de ses vieilles murailles et des nombreux clochers dont elle est surmontée.

Araya et Olazagutia n'ont rien d'intéressant; la nature devient plus agreste, le sol est moins fertile, le pays moins peuplé: une montagne rocheuse se dresse devant nous; ses formes anguleuses rappellent l'éperon d'un vaisseau cuirassé: c'est *La Pena de Beriain* qui forme, de ce côté, l'extrémité occidentale de la *Sierra de Urbasa* et des monts d'Aralar.

Nous entrons en gare d'Alsasua, où vient s'amorcer la ligne de Saragosse par la vallée de la Barranca. C'est ici que commence la traversée des Pyrénées; on monte lentement, quand on vient de Saint-Sébastien à Alsasua, mais on descend à toute vitesse d'Alsasua à Beasain, comme nous l'avons pu constater. Laissant à notre gauche la vallée de la Borunda, où l'on élève des chevaux dont la taille n'est guère plus grande que celle d'un ânon, mais qui rendent de grands services pour les transports dans la montagne, nous dépassons la petite station de Olzaurte et, après avoir passé treize tunnels qui se suivent à la file, nous arrivons à Zumarraga, à neuf heures et demie du matin; dans les courts intervalles qui séparent les tunnels les plus voisins de la station d'Ozaurte, on aperçoit à droite, à travers les précipices, de belles échappées sur la verte vallée qui est à plus de trois cents mètres au-dessous du tracé de la voie ferrée, et le village de Cegama où mourut et où repose le héros de la guerre carliste de Sept-Ans, Don Tomas Zumalacarregui.

Un service de voitures fort bien organisé, permet de partir à dix heures de Zumarraga, de visiter le monastère de Loyola et la ville d'Azpeitia, de revenir à temps pour prendre à Zumarraga le train de cinq heures du soir et d'aller coucher à Hendaye, à Biarritz ou à Bayonne, si l'on ne veut pas continuer le voyage jusqu'à Bordeaux.

La rivière Urola sépare la petite ville de Zumarraga de celle de Villaréal, toutes deux d'importance à peu près égale, semblant ne former qu'une seule agglomération et, naturellement jalouses l'une de l'autre, rivalisant en tout et pour tout. Zumarraga s'abrite sous le mont Izazpi, plus élevé d'une cinquantaine de mètres que le mont Yrimo qui domine Villaréal. Si les habitants de Zumarraya sont fiers de leur église, les habitants de Villaréal leur opposent avec orgueil le château d'Ipenarrieta.

Nous sortons de Zumarraga par le pont qui relie cette ville à Villaréal et, laissant à gauche le route de Vergara par Descarya et Anzuola, et celle de Onate par Legazpia, nous nous engageons dans la vallée resserrée et solitaire qui débouche après un parcours de huit kilomètres dans l'oasis délicieuse au milieu duquel Azcoitia est posée.

On traverse d'un bout à l'autre cette charmante petite ville : le conducteur complaisant, nous accorde même une halte d'un quart d'heure, tout ce qu'il faut pour visiter la belle Eglise de *Santa Maria La Real*, dont les boiseries du chœur sont remarquables, et pour admirer les formes sévères du Palais des ducs de Grenade.

Deux couvents et un château à demi caché sous les ombrages du parc qui l'environne, se trouvent à la sortie d'Azcoitia, là où la route bifurque ; le tracé de gauche se dirigeant vers Elgoybar, la rivale d'Eybar pour la fabrication des fusils de chasse et de munition, et vers les bains d'Alzola, Mendaro et les ports de Deva et de Motrico ; celui de droite aboutissant, en quelques minutes, au monastère de Loyola qui dessine ses vives arêtes, sa coupole et ses clochetons dans un paysage enchanteur.

De même que l'on prétend que l'Escorial a la forme d'un gril renversé, on assure que le monastère de Loyola représente l'aigle de la maison d'Autriche, aux ailes déployées. Ce sont là des données fantaisistes que rien ne justifie : autant vaudrait dire que la cathédrale de Milan rappelle un porc-épic, la tour de Pise un géant ivre, la colonne Vendôme un parapluie dans son fourreau, et le dôme de l'Institut une cloche à melon.

La voiture s'arrête à la *Fonda del Convento*, en face du monastère : il n'y a que la route à traverser et l'Urola à franchir sur un beau pont de pierre, pour aboutir à la verte pelouse qui s'étend, comme un tapis, aux pieds de l'édifice.

Le monastère est construit en marbre des carrières voisines, que l'on exploite à ciel ouvert sur le versant du mont Izarraiz.

Trois escaliers, de dimensions grandioses, un de face et deux latéraux, gardés par des lions que le temps a noircis, donnent accès au péristyle de l'église placée au centre des constructions, achevées d'un côté et ébauchées de l'autre. Un portail, à fronton triangulaire, orné d'un écusson aux armes de la famille des seigneurs de Loyola, domine l'escalier du milieu.

Une colonnade et des statues dans leurs niches, décorent le demi-cercle convexe qui forme la façade. L'intérieur du temple, parfaitement circulaire, est riche, étincelant, peut-être trop surchargé : le marbre, le jaspe, l'albâtre, le bronze, l'argent et le vermeil ont été employés à profusion ; ce ne sont que colonnes torses, mosaïques, ciselures dont l'œil est ébloui. Douze tribunes à balcons dorés, correspondent à l'axe des douze piliers qui soutiennent la coupole : il résulte d'un jeu d'architecture que, lorsqu'on se place au milieu de la nef, les douze tribunes restent invisibles, tandis qu'on les aperçoit toutes, en faisant un seul pas de côté. Le maître-autel est une copie imparfaite et restreinte de la Chaire de Saint-Pierre à Rome ; et les chapelles du pourtour auraient besoin d'être achevées.

La coupole est belle, hardie, élevée : une galerie ménagée à sa naissance permet de lire, en relief sur le marbre, la vie du soldat et du saint, magistralement tracée par le ciseau des sculpteurs.

Les deux ailes, dont une seule est complète, renferment le logement des RR. PP. de la Compagnie de Jésus et toutes les installations nécessaires pour un collège réunissant à une éducation

vraiment chrétienne, et aux meilleurs éléments
d'instruction, les plus parfaites conditions de bien-
être et de salubrité.

Une partie du manoir des seigneurs de Loyola a
été heureusement conservée et se trouve circonscrite dans l'aile gauche du monastère : on y voit
encore, transformée en chapelle ardente, la chambre où naquit Iñigo, et sur l'autel, encadré des
rideaux de damas rouge qui ornaient le lit de Dona
Martina de Saez, on garde un doigt de saint
Ignace, dans un médaillon d'or.

Les reliefs du plafond reproduisent dans leurs
panneaux, quelques traits de la vie du saint ; si ce
n'était la position gênante qu'on est contraint de
prendre pour les examiner, on ne se lasserait pas
de détailler ces magnifiques boiseries.

Dix minutes de marche, séparent le monastère
de Loyola de la ville d'Azpeitia.

Assise au pied du mont Izarraiz, sur la rive gauche de l'Urola, la ville d'Azpeitia renferme dans
son enceinte, une population de sept à huit mille
âmes. Elle se compose de trois longues rues qui se
rencontrent à leurs extrémités sous des portes-com
munes et que coupent à angle droit quelques
rues transversales.

Les maisons sont belles : les marbres du mont voisin brillent sur les façades ornées d'armoiries, suivant l'usage du pays, et les grilles en fer forgé, les balcons qui les décorent, sortent des mains habiles des forgerons de la contrée.

La place à arcades, dont la Maison de ville occupe un des côtés est parfaitement régulière : la grande rue centrale la coupe par le milieu, les rues transversales y aboutissent par les angles.

Les églises sont grandioses, sévères au dehors, trop ornées à l'intérieur. On montre, dans celle de *San Sébastien*, les fonts sur lesquels Iñigo reçut l'eau sainte du baptème : celle de *Nuestra Señora de la Soledad* possède des reliques de saint Ignace et sa statue colossale, en argent ciselé : l'une et l'autre gardent ainsi des souvenirs particuliers de l'illustre enfant de la Province de Guipuzcoa, devenu son patron dans le ciel.

Mais voilà les mules avec leurs colliers ornés de de flanelle jaune, leurs panaches rouges et leurs grelots assourdissants, qui sortent des écuries du *Parador de Roque* et qu'on attelle à la voiture dans laquelle nous sommes venus. L'heure du départ est arrivé : il ne s'agit pas de compter sur le retard du train, bien qu'il soit coutumier du fait ;

par extraordinaire il serait capable de manquer aujourd'hui d'inexactitude.

Les onze kilomètres qui séparent Azpeitia de Zumarraga sont parcourus en une heure, car on ne s'arrête pas cette fois, et la route est en plaine, ce qui paraît incroyable au milieu de ce fouillis de monts enchevêtrés.

Le train ne nous fait attendre que vingt-cinq minutes de trop à la gare de Zumarraga. Six tunnels à traverser et nous voilà lancés dans l'espace à une hauteur vertigineuse, sur le viaduc d'Ormaitzégui : on a sous les pieds, à plus de quarante mètres en contre-bas, l'Etablissement thermal et les routes de Vergara, d'Oñate et des Bains des Gaviria : le village est à gauche, toujours à la même profondeur, et on remarque, en passant à toute vapeur, l'église Renaissance et le vieux palais Iriarte-Erdicoa où naquit, en 1788, le général Zumalacarregui. Encore trois tunnels et voici Beasain : ici, des diligences prennent les voyageurs pour la partie de la Navarre qui n'est pas desservie par le chemin de fer. Puis vient Villafranca, dans la vallée de l'Oria, entourée de murailles comme un village de Castille, mais dont l'aspect est autrement gracieux. La descente des Pyrénées est terminée et c'est ici que commence une poursuite des plus originales entre la ligne du chemin de fer, la route de voitures et la rivière Oria qui ne pouvant se séparer, faute d'espace dans l'étroite vallée, et voulant avancer quand même, se pressent, se croisent, se heurtent et se passent sur le corps, au moyen de tunnels, de viaducs et de ponts superposés.

Au delà de Legorreta, dominée par le mont Arabar, nous trouvons Tolosa, belle ville de dix mille habitants qui était autrefois la capitale de la province de Guipuzcoa. Le Berastegui et l'Arages viennent grossir l'Oria, sous ses murs : elle est resserrée entre les monts Celaya, Hernio, Aldaba et Izazcun. De belles rues, parfaitement alignées, bordées de maisons à balcons de fer, des édifices grandioses, des promenades ombragées, lui donnent un aspect des plus séduisants ; et les fabriques de draps, de tissus de coton, de papier, de bérets et d'allumettes qu'elle renferme ou qui l'avoisinent provoquent une animation extraordinaire et procurent à la population un travail rémunérateur.

Du reste, pas de cheminées, pas d'atmosphère enfumée, l'eau seule est employée comme force motrice dans ces manufactures qui n'ont rien de la lugubre apparence de celles qui ont besoin de charbon pour obtenir la vapeur. L'église *Santa-Maria*, de vastes dimensions, est ornée d'un portique surmonté d'une statue colossale de saint Jean-Baptiste ; on la voit de la gare, pendant l'arrêt du train, de même que la Maison de ville, le palais Idiaquez et les bâtiments de l'ancienne *Armeria*, transformés en marché.

Ce fut à Tolosa que, dans une des salles de l'*Hôtel Sistiaga*, le roi de Piémont, Charles-Albert, vaincu à Novare par le maréchal Radetzki et allant chercher un refuge en Portugal, signa par-devant notaire, au mois d'avril 1849, son acte d'abdication en faveur de son fils Victor-Emmanuel.

Nous dépassons les stations de Villabona-Cizurquil et d'Andoain. Des villages coquettement posés sur la croupe des monticules ou mollement couchés dans le creux des vallons, se présentent à chaque instant au regard satisfait : des fabriques de tissus et de papier, quelques hauts fourneaux, des usines métallurgiques se succèdent à petite distance sur les rives de l'Oria ; et les champs escaladent les monts pour ne pas laisser improductive une seule parcelle de terre susceptible d'être mise en culture. La manière dont les laboureurs du Guipuzcoa arrivent à remuer profondément le sol, sur des points inaccessibles aux bœufs attelés à la charrue, et que la bêche ou la pioche n'auraient pas suffisamment bouleversé est empreinte elle-même d'un cachet tout particulier. Ces braves paysans basques se groupent par familles entières, pour creuser les sillons, unissant leurs efforts et confondant leurs sueurs. L'instrument qu'ils emploient est formé de deux tiges de fer quadrangulaires, reliées à la partie supérieure, par une autre tige transversale de même métal : il est muni d'un double manche en bois, gros et court, qui sert alternativement de poignée, d'appui et de levier. Rangés à la file, coude à coude, hommes, femmes, enfants, soulèvent à deux bras cet instrument, *La Laya*, et le plantent vigoureusement dans le sol, puis, montant sur la tige transversale et pesant dessus, de tout leur poids, de tous leurs trépignements, ils le font pénétrer bien avant dans la terre et, à un signal donné, descendus de leur perchoir, ils impriment, tous à la fois, aux manches de bois un mouvement de recul qui fait culbuter en avant la section entamée, ramenant à la surface l'humus destiné à recevoir le grain à féconder.

Nous sommes à Hernani, petite ville de cinq mille habitants, où la famille du général Hugo, revenant de Madrid au temps de la guerre de l'Indépendance espagnole, s'arrêta quelque temps : c'est sans doute à cette circonstance qu'il faut attribuer le nom de Hernani dont Victor Hugo a baptisé le héros d'un de ses drames dont la scène se passe en Espagne.

C'est ici un paysage normand, avec de gras pâturages, des pommiers pliant chaque automne sous le poids de leurs fruits ; et, sur la table en plein vent qui sert de buvette, dans l'enceinte de la station, des pichets de cidre comme à Falaise ou à Yvetot.

C'est à Hernani qu'il faut descendre si l'on veut aller visiter à Astigarraga l'une des belles résidences du marquis de Valde Espina, un de nos vieux amis.

Au sortir d'Hernani, on franchit l'Urumea sur un pont de treillis de fer et l'on est bientôt rendu en gare de Saint-Sébastien.

Adossée au mont Urgullo qui la protège des tempêtes de l'Océan, la ville de Saint-Sébastien, actuellement capitale de la province de la Guipuzcoa, développée entre les dunes de *la Zurriola* à l'embouchure de l'Urumea et la plage de *La Concha* coupée par l'îlot de *Santa Clara*, ses constructions modernes, ses places à arcades et ses boulevards ombragés. L'église *Santa Maria*, remarquable dans son ensemble, celle de *San Vicente*, d'un style plus pur, la Maison de ville avec son petit musée, et le *Castillo* d'où l'on découvre de vastes horizons, ne suffisent pas à nous retenir, d'autant plus que la nuit approche et que nous voulons coucher ce soir, en France.

Nous laissons à droite la place des Taureaux, et au bout de dix minutes, nous sommes sur les bords de la baie de Passages, tout surpris de voir des navires de fort tonnage enfermés dans ce bassin, sans issue apparente, tant le goulet est étroit et dissimulé : cependant le port de Passages, où le marquis de La Fayette s'embarqua jadis pour l'Amérique, est beau, sûr et facile, c'est l'un des plus importants de la côte Cantabrique.

Le petit village de Lezo, qui reste à notre gauche, est le siège d'une grande usine pour la fonte du plomb : ensuite vient Renteria, avec ses fabriques de toiles et de cotonnades ; un dernier tunnel à traverser à Gaïnchurisqueta ; une halte de cinq minutes en gare de Yrun et, la Bidassoa franchie sur le pont international, nous mettons le pied sur la terre de France, représentée en ce moment par l'asphalte des quais de la gare de Hendaye.

Il est huit heures du soir : sous prétexte de changement de train et de visite de la douane, on nous retient ici plus d'une heure et demie ; le buffet, heureusement, nous ouvre ses portes hospitalières ; nous y retrouvons, avec plaisir, la cuisine française, après tant et trop de *fondas* espagnoles !

C'est sur cette réflexion gastronomique que je termine cette longue relation de voyage ; et je crains que tous ceux qui me suivront sur cette belle terre d'Espagne n'en disent autant.

Question de goût ou, plutôt, d'habitude, qui n'enlève rien à la beauté du ciel, à l'aménité des habitants, aux merveilles de toutes sortes accumulées dans ce pays trop peu connu quoique à nos portes.

Allez en Espagne !

J'aime mieux que ce soit là mon dernier mot.

APPENDICE

Alexandre-Joseph-François, comte de Seguins, marquis de Vassieux, né à Carpentras le 16 juillet 1769, était fils d'Alexandre-Jean-Jacques Bernard, comte de Seguins, page de Louis XV, puis mousquetaire, colonel du régiment de la Martinique, tué le 17 avril 1780, sur le vaisseau amiral la *Couronne*, qu'il montait avec ce régiment, pour aller chasser les Anglais de l'île de Sainte-Lucie, aux Antilles, — et de Madeleine-Marie-Catherine des Isnards, première sous-gouvernante des princes d'Artois.

Le comte de Seguins fut élevé à l'École militaire de Rebais, dont il sortit pour entrer aux chevau-légers de la garde du Roi ; puis il fut officier au régiment d'Auvergne.

Il émigra en 1790, en Espagne, attiré par le duc de Crillon-Mahon, son parent, qui avait pour aide de camp le vicomte des Isnards, frère de la comtesse de Seguins.

Le duc de Crillon, en présentant le jeune officier au ministre de la guerre, lui dit : « Le comte de Seguins « est fils d'un officier de la plus brillante valeur ; s'il

« marche sur ses traces, vous aurez fait une excellente
« acquisition. »

Admis dans l'armée espagnole, M. de Seguins fit
toutes les campagnes contre la Révolution française,
jusqu'à la paix.

Il servit d'abord dans le régiment de *Bruxelles*, infanterie wallonne ; puis, en 1792, dans le régiment
irlandais d'*Ultonia* ; en 1794, dans celui de *Ordenes
militares*. Il fut aide de camp du général marquis
d'Apchier, émigré français ; servit dans l'armée de
Navarre et Biscaye, sous le général Ventura Caro ; puis
dans celle de Catalogne, sous le comte de la Union,
puis sous Don José Urutia.

Il fut distingué par les généraux O'Farril et Palafox
(oncle de celui qui s'est immortalisé par la défense
de Saragosse). — Il reçut une blessure dans un combat près de Bascara, en Catalogne.

La paix signée avec la France, le comte de Seguins
passa à Lisbonne. Pendant son séjour en Portugal, il
se joignit à une ambassade suédoise envoyée au Ma-
roc, et profita d'un firman du sultan pour parcourir
les côtes et l'intérieur de cet empire, voyage dont il a
laissé une intéressante relation inédite.

En 1802, il alla rejoindre à Florence, sa mère,
remariée au comte Prosper Balbo, ancien ambassadeur de Sardaigne en France, père du célèbre comte
César Balbo, une des gloires les plus pures de l'Italie.

La même année, le comte de Seguins rentra en
France et épousa, le 23 janvier 1803, Flavie de Cohorn
de la Pallun, fille d'Alexandre, baron de Cohorn, ancien brigadier des armées navales, chevalier de Saint-

Louis, ancien gouverneur de Villeneuve-les-Avignon.

Père d'une nombreuse famille, le comte de Seguins n'hésita pas à se ranger sous le drapeau blanc, lorsque le retour de Bonaparte, en mars 1815, eut soulevé les royalistes du Midi. Il alla se présenter, au Pont Saint-Esprit, au duc d'Angoulême, qui le fit lieutenant-colonel, et commandant d'armes du quartier général.

Le 30 mars, les volontaires battirent le général Debelle devant Montélimar ; le 2 avril, ils remportèrent un avantage signalé, au passage de la Drôme. Deux canons, deux drapeaux, huit cents prisonniers furent les fruits de cette victoire : la possession de Valence et du cours de l'Isère en furent le résultat ; mais la défection des troupes de ligne et les progrès rapides de l'ennemi, amenèrent la dissolution de cette petite armée.

Le 16 avril, le prince s'embarqua à Cette pour l'Espagne, ayant été retenu prisonnier pendant six jours au Pont-Saint-Esprit par le général Gilly auquel il s'était loyalement livré pour assurer par un traité, le sort de ses compagnons d'armes.

Le comte de Seguins se rendit à Turin, par ordre du duc d'Angoulême, pour recevoir sa correspondance et agir de concert avec le comte (depuis prince) Jules de Polignac. Après les Cent-Jours, il rentra en France avec le marquis de Rivière, commissaire du roi dans le Midi, et fut désigné pour exercer ces fonctions dans le département de la Drôme.

Nommé chevalier de Saint-Louis en 1816, il fut décoré de la main du baron de Cohorn, son beau-père, délégué à cet effet. A l'occasion du sacre de

Charles X, il reçut l'Ordre de la Légion d'honneur. Le roi de Sardaigne l'avait fait chevalier de l'ordre des Saints Maurice et Lazare.

Retiré dans sa famille et passionnément occupé d'agriculture, grand viticulteur, propriétaire du vignoble de Saint-Sauveur (commune d'Aubignan) dont les produits s'exportaient jusque dans l'Inde, M. de Seguins écrivait aussi de nombreuses notes sur les événements, les faits les plus saillants, les personnages politiques de son temps. Sa mémoire était prodigieuse et son jugement sûr.

Il est mort à Paris, le 13 novembre 1836, des atteintes d'une maladie aussi courte qu'imprévue, attendu la force de sa constitution. Plusieurs journaux royalistes annoncèrent son décès en même temps que celui du roi Charles X ; l'un d'eux s'exprimait ainsi :
— « Le comte de Seguins-Vassieux joignait à une
« âme élevée, un esprit cultivé et cette tradition de
« politesse exquise qui, chaque jour, s'efface des
« mœurs comme du langage. »

Inscription latine : *Silo princeps fecit*, que l'on peut lire 270 fois en partant de la lettre S placée au centre.

```
T I C E F S P E C N C E P S F E C I T
I C E F S P E C N I N C E P S F E C I
C E F S P E C N I R I N C E P S F E C
E F S P E C N I R P R I N C E P S F E
F S P E C N I R P O P R I N C E P S F
S P E C N I R P O L O P R I N C E P S
P E C N I R P O L I L O P R I N C E P
E C N I R P O L I S I L O P R I N C E
P E C N I R P O L I L O P R I N C E P
S P E C N I R P O L O P R I N C E P S
F S P E C N I R P O P R I N C E P S F
E F S P E C N I R P R I N C E P S F E
C E F S P E C N I R I N C E P S F E C
I C E F S P E C N I N C E P S F E C I
T I C E F S P E C N C E P S F E C I T
```

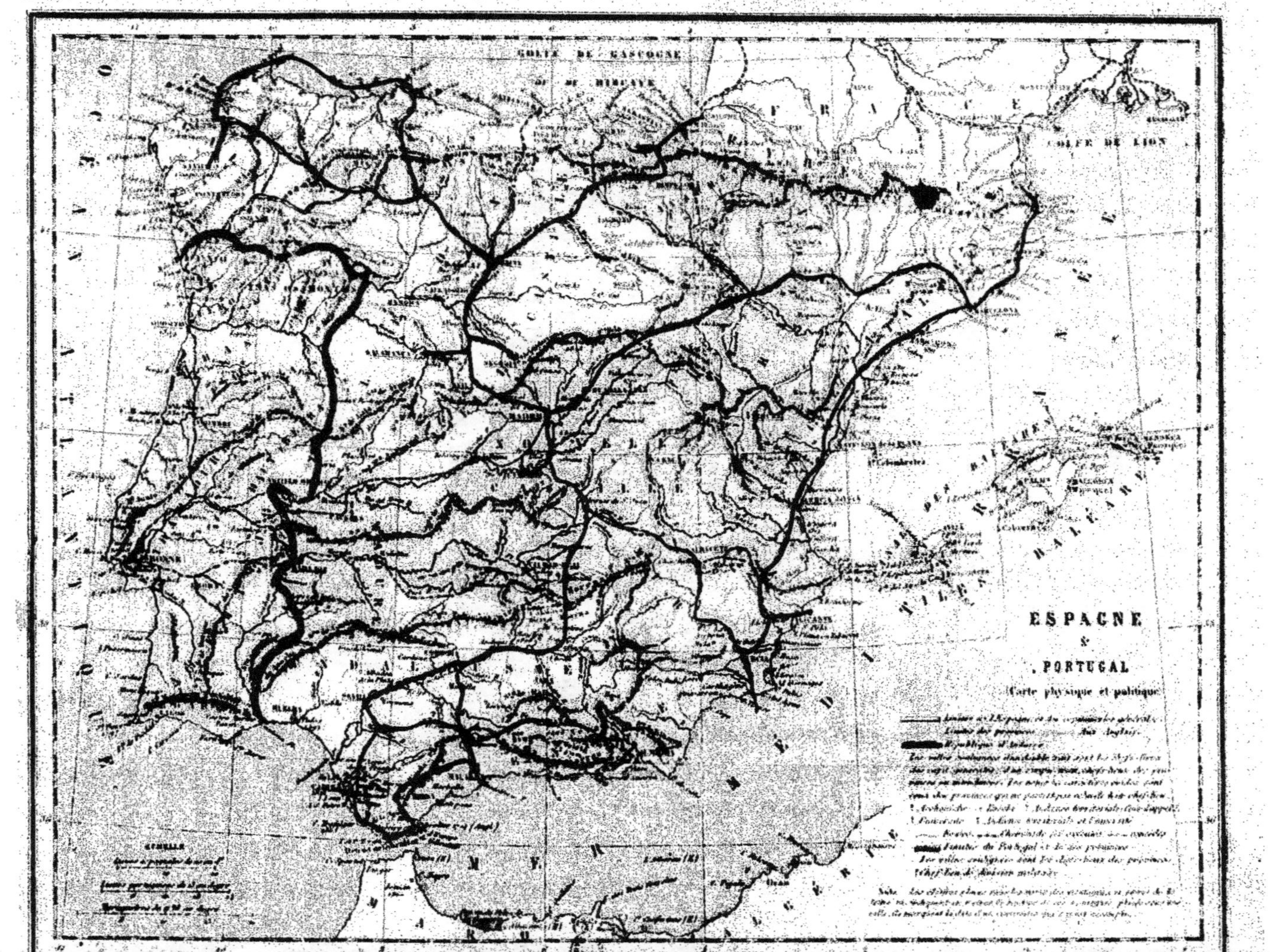

GOLFE DE GASCOGNE
OU DE BISCAYE
GOLFE DE LION
OCÉAN ATLANTIQUE
ESPAGNE
&
PORTUGAL
Carte physique et politique

TABLE DES MATIÈRES

CHAPITRE III

CHAPITRE IV

CHAPITRE V

CHAPITRE VI

CHAPITRE VII

CHAPITRE VIII

CHAPITRE IX

CHAPITRE X

Imp. de la Soc. de Typ. — Noizette, 8, r. Campagne-Première.

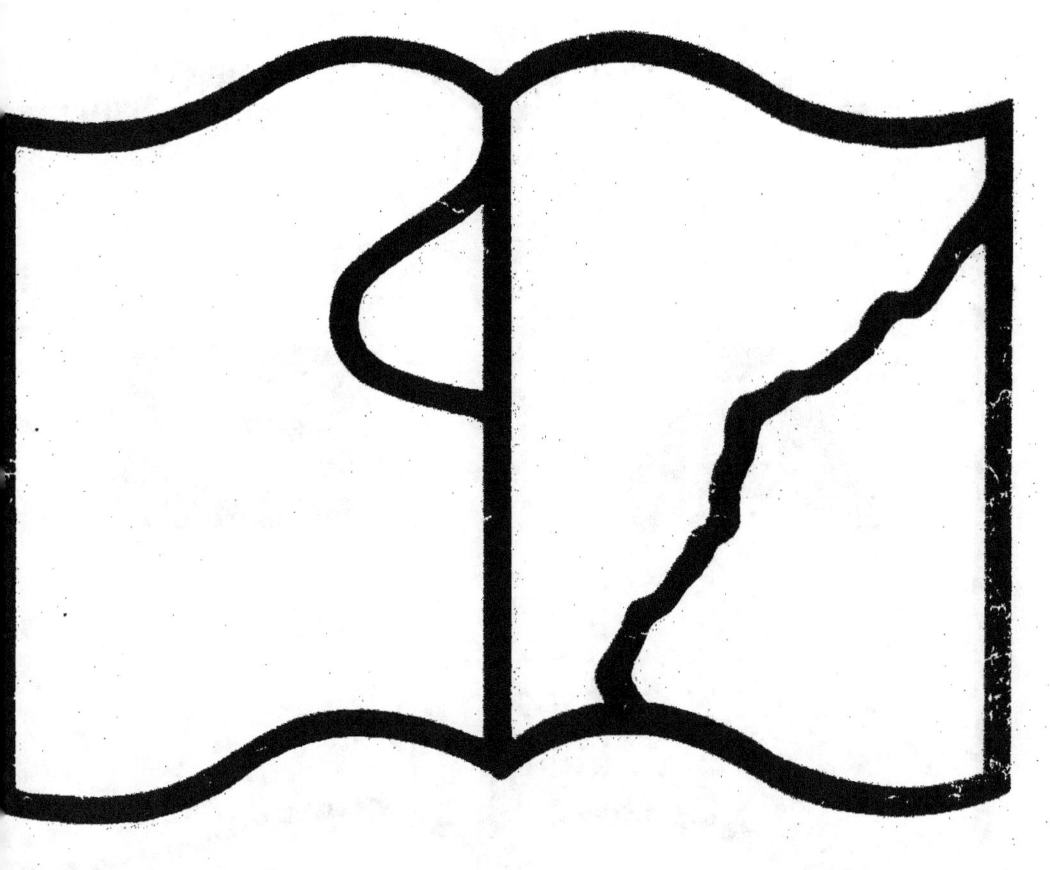

Texte détérioré — reliure défectueuse

NF Z 43-120-11

Contraste insuffisant

NF Z 43-120-14